『宜居乡村』村镇建设管理与技术培训教材

村镇 传统建筑保护

Conservation of Rural Traditional Buildings

陈翚 谢珉 李雨薇 编著

中国建筑工业出版社

图书在版编目（CIP）数据

村镇传统建筑保护 = Conservation of Rural Traditional Buildings / 陈犟，谢珉，李雨薇编著 . — 北京：中国建筑工业出版社，2023.10
"宜居乡村"村镇建设管理与技术培训教材
ISBN 978-7-112-29118-2

Ⅰ.①村…　Ⅱ.①陈…②谢…③李…　Ⅲ.①乡村—古建筑—保护—教材　Ⅳ.①TU-87

中国国家版本馆 CIP 数据核字（2023）第 172248 号

责任编辑：王　惠　陈　桦
责任校对：王　烨

"宜居乡村"村镇建设管理与技术培训教材
村镇传统建筑保护
Conservation of Rural Traditional Buildings
陈　犟　谢　珉　李雨薇　编著
＊
中国建筑工业出版社出版、发行（北京海淀三里河路9号）
各地新华书店、建筑书店经销
北京海视强森文化传媒有限公司制版
北京中科印刷有限公司印刷
＊
开本：787 毫米 × 1092 毫米　1/16　印张：11　字数：206 千字
2024 年 2 月第一版　2024 年 2 月第一次印刷
定价：**59.00** 元
ISBN 978-7-112-29118-2
（40760）

丛书总序

我国村镇建设量大、分布面广,受资源环境、经济发展和国家政策等因素影响,长期以来,村镇建设往往落后于城市,且不同地区存在较大的差异性。深刻认识村镇规划与建设的问题所在,是全面推进乡村振兴战略和乡村人居环境建设的前提。从当前我国村镇建设的情况来看,主要存在以下几个问题:一是村镇规划不科学,很多地方的村镇规划脱离实际,照搬城镇规划的模式与方法,导致建设用地越来越大,却没有带动村镇的全面发展与品质提升,反而造成大量资源浪费;二是部分村镇的无序建设和资源的低效利用,导致资源供给紧张、人居环境恶化与生态环境污染等问题;三是村镇历史文化和地方特色衰败严重,受现代功能主义规划思想和现代工程技术的冲击,我国村镇历史文化空间受到了严重破坏,加剧了文脉断裂、遗产碎片化等问题;四是村镇居民住宅设计和建造质量普遍水平不高,绝大多数住宅模仿城市住宅套型设计,既没有考虑村镇的民风、民俗等特征,也没有与居民生产、生活的需求相适应,造成大量住房空间的浪费和闲置。

面对村镇如此严峻和复杂的规划与建设问题,迫切需要一套适宜的理论、方法和技术来指导村镇的规划与建设。湖南大学未来乡村研究院的乡村建设研究团队编写的这一套《"宜居乡村"村镇建设管理与技术培训教材》,基于可持续规划、村镇空间格局、风貌保护、传统建筑更新、住宅设计与建造等方面的现实问题,较为系统地探索了新时期村镇生态建设与绿色转型的理论和方法,对实现村镇可持续发展和美丽宜居村镇建设目标具有十分重要的现实意义。

湖南大学未来乡村研究院的乡村建设研究团队一直致力于村镇人居环境的研究与设计实践工作,承担了一系列重要的国家级科研课题,在村镇规划建设与文化传承方面取得了丰硕的研究成果。本套丛书是研究团队近年来理论研究和在地实践的成果展示,研究内容涵盖了以下几个方面:

首先，在村镇空间格局与规划方面，该系列丛书系统分析了村镇空间格局的内涵和演变规律；探索了村镇空间格局的现代转译特征与机制；明晰了村镇生产、生活和生态空间发展规律；提出了村镇生态规划三生耦合理论和绿色可持续规划方法，为村镇振兴和发展提供了较为完善的理论基础。

其次，在村镇风貌与建筑的保护与更新方面，该系列丛书不仅从整体上探究了村镇聚落肌理、自然风光、人文景观、人工形态和地方产业等风貌的保护与更新；也从微观上明确了村镇传统建筑保护策略、传统建筑文化传承与传统技艺营造方法；并深入挖掘了特色建筑结构、材料和装饰的建构原理和文化表达，对揭示传统村镇空间的营造智慧具有很好的借鉴作用和参考价值。

第三，在村镇住宅设计与建造方面，该系列丛书从适应性的视角，系统探索了与村民生产生活相适应的村镇住宅场地、空间、生态建造以及改造的适应性设计；也从自建的角度，全面阐述了村镇自建住宅的空间组成与演化，并提出了自建住宅的建造策略和方法，为村镇住宅的设计及建造提供了理法的基础和技术的支持。

鉴于以上特点，期待这套丛书能在乡村振兴与建设中发挥重要的作用，也期待湖南大学村镇乡村建设研究团队能取得更多的学术成果。

浙江大学建筑工程学院

王竹

2022 年 12 月

前　言

村镇传统建筑是文化遗产的重要组成部分，在地域环境、民系划分、宗族思想、经济发展的影响下，呈现出各异的形态特征，具有重要的文化、历史、科学、艺术、社会与经济价值。在中国的快速城镇化进程中，来自不同主体的意愿与需求致使村镇传统建筑的保护状况参差不齐，逐渐出现两大极端现象：一是千村一面、"样板化"模糊了乡土特色与多样性；二是凌乱无序、乱搭乱建破坏了村镇肌理。如何兼顾保护与发展，在活化保护中保留多元化和多样性，是目前中国村镇传统建筑保护中需要解决的共性问题。

近年来，在历史文化遗产保护政策的推进下，村镇传统建筑保护工作得到了很大的进步，逐步建立了分类科学、保护有力、管理有效的保护传承体系，群众也在"日用而不觉"中感受到了传统文化的魅力。为普及传统建筑保护工作相关理念，探究村镇传统文化价值评价体系，提高公众对村镇传统建筑文化与技艺的保护自觉性，特为广大相关专业技术人员、管理人员和学生撰写此书，以作科普与教学之用。

本书编著工作由陈翚主持，谢珉、李雨薇参与，团队成员贾希伦、陈天滋、陈腊梅、周�、廖鹏程、关子昕、孙楚寒、宁翠英、谢书瑞、许泽港、李志豪、覃立伟、叶思曼、蒋雨航、罗珞尘、孙振铎、李宛霖等通力协作完成，凝聚了整个团队的心血与智慧。其中，第 1 章界定了本书有关传统建筑保护的具体概念，通过梳理相关研究，向读者展示了传统建筑保护的价值与意义，并引导读者对传统建筑保护的真实性与完整性原则发起思考；第 2 章将视角聚焦于村镇聚落与传统建筑，探讨聚落发展之滥觞、村镇特征之构成，最终明确了二者之间协同演进、原则指导与适应性带动的关系；第 3 章详细讨论了村镇传统建筑的价值评价标准，并以张谷英村作为案例，对价值评价方法进行了分析与解读；第 4 章基于村镇传统建筑保护的现状，提出可供参考的具体保护策略与措施；第 5 章讲述了村镇传统建筑文化与技艺传承，并通过文化地理学的分类方法对中国各区域典型村镇的文化与建筑技艺进行了介绍；第 6 章作为全书的总结，对襄汾县丁村、云南乐居村等案例按保护背景、地区现状、保护策略、保护成果四大板块展开详细解读。

自 2018 年开始，本团队对该主题持续关注、调研和思考。在撰写过程中，团队秉持严谨的学术态度，力求内容严谨准确，但仍不免有不足之处，敬请读者批评指正。

陈翚团队

2022 年 12 月

目　录

第一章
——

传统建筑保护的
相关概念

1.1 村镇与村镇建筑

首先，我们对村镇、村镇建筑、建筑文化和村镇建筑文化等概念进行阐述。

1.1.1 村镇

我们所说的"村镇"，是一个集合名词，是由村落、城镇、市镇或集镇相加构成。笔者认为村落（或村庄）与市镇（或集镇）的跨度较大，但二者却是相近关系，有许多相似之处，因此本书的"村镇"是集镇与村庄的总称。当然，由于研究需要，也不仅仅限于集镇，还包含了少量的小"城镇"。并且集镇与村庄也有诸多不同，集镇虽然也留存了一些农业生产方式，但是它比村庄有更丰富的商业要素与人口聚居或半商半农的生活方式。[1]

1.1.2 村镇建筑

村镇的生产生活虽没有市镇那样复杂，但也有对应的内容。那些为适应村镇居民生产、生活内容和使用要求的建筑就是我们所说的"村镇建筑"，与"市镇建筑"相对应与相区别，除了包含大量的民居即居住建筑以外，村镇建筑还包含传统村镇中常见的集市、祠堂、书院、商铺、戏台、牌坊等公共建筑和常见的宗教建筑以及园林建筑。各村镇的公共建筑、园林建筑、宗教建筑的形式与内容各有不同的侧重点，且质量与数量也各不相同。

村镇建筑是村镇居民在长时间与大自然的抗争中形成的一种建筑类型，具有非常高的历史、科学与艺术价值。著名的建筑学家梁思成先生，提及在湖北村镇建筑中使用的山墙结构，认为它既可以非常有效地防汛、防火、防盗，又可以有效地解决村镇建筑的容量问题，使村镇建筑可以较为安全地紧密组合。此外，村镇建筑将绘画、雕刻等艺术形式组合在一起，无论是它的外墙、门窗、额枋、屋顶或是装饰构件，都有着非常高的艺术水准，体现了独特的文化品位和地域风情。[1]

1.1.3 建筑文化

1）建筑文化与村镇建筑文化

迄今为止，建筑文化还是一个比较新的概念，尽管人们提及很多，但仔细追究起来，目前并没有确切内涵。陈凯峰在他的《建筑文化学》一书中提到"决定建筑文化意义的，要素，主要取决于建筑文化中的'文化'，是广义上的文化，还是狭义上的文化"；同时，他经过假设、比较、分析、给定等讨论过程，认为建筑文化内涵包含有关建筑的所有意识形态方面的要素群，具体是指建筑观念、建筑思想、建筑情感、建筑意识、建筑思潮、建筑意念这么一类心理层方面的要素群。针对"村镇建筑文化"这一具体研究对象而言，其中的建筑文化内涵不仅应包括村镇建筑的所有内涵，还应有更加广泛的内涵，即村镇建筑技术、建筑艺术、建筑物、建筑制度，以及建筑模式、建筑思想等。[2]

2）村镇建筑文化与传统村镇建筑文化

建筑文化有许多分类方法（图1-1）。如果用空间性差别或区域性差别来划分建筑文化，就有村镇建筑文化和市镇建筑文化之差别；如果用时间性差别或历时性差别来划分建筑文化，就会有传统建筑文化和现代建筑文化之分。如果再用时空耦合关系将建筑文化的类别结合起来，就会有村镇传统建筑文化、村镇现代建筑文化、市镇传统建筑文化、现代市镇建筑文化等，而本书研究的范围是"村镇传统建筑文化"。[3]

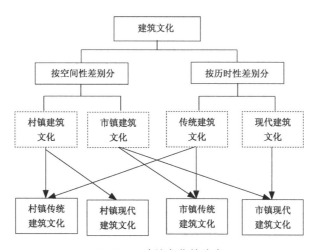

图 1-1　建筑文化的分类

1.2　国内外村镇传统建筑相关研究

国内外村镇传统建筑的相关研究包括两部分内容：有关传统村镇及其建筑保护的国际性宪章与宣言和有关村镇聚落及村镇建筑的研究。

1.2.1 有关传统村镇及其建筑保护的国际性宪章与宣言

很多西方国家拥有丰富的历史文化遗产，他们的保护思想起源较早，保护意识较为强烈。这些西方国家通过国家立法来保护本土的村镇建筑文化遗产，并共同联合起来通过了若干个有关保护村镇建筑文化遗产的宪章[1]。这一系列国际性村镇建筑文化遗产保护性文件的订立，极大地推动了方兴未艾的传统村镇及其建筑的研究与保护（图1-2）。

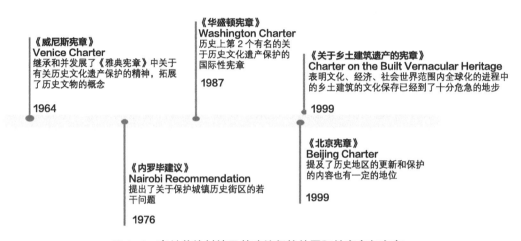

图1-2　有关传统村镇及其建筑保护的国际性宪章与宣言

1）《威尼斯宪章》

1964年，经由国际文物工作者理事会在威尼斯讨论并发布了《保护和修复文物建筑及历史街区的国际宪章》（简称《威尼斯宪章》）。此宪章继承并发展了《雅典宪章》中有关历史文化遗产保护的精神，更为重要的是它拓展了历史文物的概念。《威尼斯宪章》中明确指出，文物不仅包括一个建筑物，而且包含能够从中找出一种有意义的发展、一种独特的文明或是一个历史事件见证的乡村或者城市的环境[4]。

2）《内罗毕建议》

1976年，在国际文物工作者理事会提出《历史性地区更新及其在现代的作用》的决定后，联合国教科文组织（UNESCO）在肯尼亚首都内罗毕举行第十九次大会，正式提出了关于保护城镇历史街区的若干问题，讨论并且颁布了《历史性地区的保全及其在现代的作用的国际建议》（简称《内罗毕建议》）。《内罗毕建议》提出，所谓历史性地区指的是在乡村环境或城市环境下居住区的构筑物、建筑物和建筑群体，从建筑历史、考古、社会或美学文化的角度看，被认定为统一又有价值的东西。

3）《华盛顿宪章》

1987年，国际文物工作者理事会在美国华盛顿特区举行了第8次会议，发布了《保护历史城镇与城区的法规》（简称《华盛顿宪章》）。这是在《威尼斯宪章》后，历史上第2个有名的关于历史文化遗产保护的国际性宪章。

4）《北京宪章》

1999年，在北京召开的国际建协大会第二十次会议讨论并颁布的《北京宪章》中，提及了历史地区的更新和保护的内容也有一定的地位，这表明人们意识到了历史文化遗产中具有的无可替代的作用和价值。《北京宪章》指出，对城镇住区来说，应该将新建筑的设计、规划建设、一般建筑的维护与改建、历史环境的保护、古旧建筑的合理重新使用、地区和城市的整治、更新、重建以及地下基础设施的持续发展、地下空间的利用等，融入一个动态的循环体系之中。

5）《关于乡土建筑遗产的宪章》

1999年，在墨西哥召开ICOMOS"关于建筑和历史地段的国际会议"，发布了《关于乡土建筑遗产的宪章》，这表明文化、经济、社会世界范围内全球化的进程中的村镇传统建筑的文化保存已经到了十分危急的地步。

1.2.2 有关村镇聚落及村镇建筑的研究

早期有关村镇聚落及村镇建筑的研究多聚焦于乡村聚落，世界关于"乡村聚落"这一概念的研究最早起源于19世纪到20世纪20年代，乡村聚落研究已经逐渐成为一门独立的学科，在各国形成了不同的研究特色和风格。但总的来说，由于受生产力水平的限制，这一时期的研究内容主要还是集中于乡村聚落与其所处的自然地理环境之间的关系和相互影响。1841年聚落地理研究的开山鼻祖德国地理学家科尔（J.G.Khol）对不同类型的聚落进行比较研究，论述了聚落的分布与地形的关系。1891年地理环境决定论主要代表拉采尔（Eratzel）对聚落分布对自然环境的依赖性进行了详细探讨。1902年路杰尔（M.Lugeon）分析了乡村聚落的地理位置与地形、日光等自然因素的关系。20世纪20~60年代，随着生产力水平的不断发展和乡村聚落研究的兴起，这一时期的研究内容主要侧重于乡村聚落的原始形态、分布特征和区位条件等方面。法国地理学家德孟雄（A.Demangeon）研究了乡村聚落的形态，并将其分为聚集和散布两类，随后又将聚集型聚落划分为线状、团状和星形状。与此同时，乡村聚落的研究在理论上也取得了一定的进展。1933年德国地理学家克里斯泰勒（W.Christaller）提出了著名的"中心地理论"，为乡村聚落的研究提供了一定的理论基础。20世纪60年代至今，随着西方计量革命的推动，乡村聚落的研究已经步入了计量和模式化阶段，在研究内容方面有了很大的拓展，主要包括乡村聚落生态研究、生态聚落空间研究以及乡村聚落景观研究。而且更加重视对研究结果的实际应用，强调人类决策行为对乡村聚落的形成、分布和结构的影响。

我国关于乡村聚落的研究开始于20世纪30年代，相比国外起步较晚。当时，随着法国地理学派"人地相关理论"的传入，乡村聚落的研究在中国地理学领域受到一定的重视。但当时发表的文章大多是以调查和描述为主的基于单一因素的小区域范围的研究，且侧重于解释聚落与周围自然环境的因果关系。1939年朱炳海在《地理学报》上发表《西康山地村落之分布》，详细叙述了山地地区乡村聚落的分布概况。1941年杨纫章在《地理学报》上发表《重庆西郊小区域地理研究》，强调从小区域出发研究观察自然与人文因素之间的关系和相互影响。20世纪50～60年代，由于村镇规划属于农村规划的一部分或者说乡村地理学研究的一部分，吸引了一批地理学者对乡村聚落地理进行了大量的研究，在一定程度上丰富了相关理论和研究方法。但是之后的一段时间内，这类研究工作逐渐减少甚至消失，并没有什么突破性的研究进展。20世纪80年代改革开放后，国家经济复苏，实行农村改革，为了更好地进行农村改革、适应新经济发展的需求，乡村聚落地理再一次得到了重视。这一时期，我国的乡村聚落地理取得了飞速发展。1988年，金其铭系统地论述了有关乡村聚地理的理论基础和研究，对乡村聚落的形成与发展、乡村聚落的分类、乡村聚落与自然环境和人文环境之间的关系以及各种不同等级聚落的城镇化等问题也进行了详细阐述。近几年来，随着各种相关学科的发展，ArcGIS等软件也被应用到乡村聚落的研究中，2014年谢玲、李孝坤等基于GIS对三峡库区附近的乡村聚落的空间分布进行研究，探讨了其乡村聚落的分布特点以及各种自然和人文因素对其分布的影响。

伴随着世界城市化进程基本完成，建筑行业已经由增量市场变为存量市场。目前中国的城市化率已经高达60%，传统乡村已经逐渐减少，于是乡村振兴、既有建筑改造成为新兴话题。越来越多的建筑师投身村镇建筑的研究与实践，鲁道夫斯基于1964年完成了《没有建筑师的建筑》，此书关注散落分布在世界各地的民间建筑，扩展了村镇建筑史研究的广度和深度[5]。美国学者拉普卜特（Amos

Rapoport）根据对亚洲、澳洲、非洲土著生活居住形态的研究，出版了《住屋形式与文化》（1991）一书。通过对世界各地聚落的调查，日本学者原广司于完成了《世界聚落的教学》的写作[1]。这说明了建筑界学者以全新的视角理解了"非主流建筑"的价值。而2022年普利兹克奖也颁给了来自非洲的乡村建筑师埃贝多·弗朗西斯·凯雷（Dié bé do Francis Kéré），他在极度匮乏的土地上，开创可持续发展建筑。他通过美丽、谦逊、大胆的创造力、清晰的建筑语言和成熟的思想，改善了地球上一个时常被遗忘的地区中无数居民的人生。中国近年来也有越来越多在村镇建筑领域大放光彩的建筑师，譬如张雷在浙江桐庐县的乡村复兴实践；唐涌的古枣园营造；孟凡浩的杭州富阳东梓关回迁农居；卢健松在花瑶聚居区的实践等等。

1.3 什么是传统建筑保护

1.3.1 传统建筑的概念

传统是一个民族或地区在理性和感性方面的共识和认同，隶属于文化范畴。传统系指文化传统，传统建筑的基本形态是由传统文化决定，传统文化的形态也在传统建筑中体现，这两者是密切相关的。因此，"传统"大多具有地方和民族色彩。而中国传统建筑恰是中国历史中悠久的传统文化与民族特色最多彩、最直接的表现形式和传承载体。[6]

中国传统建筑通常指的是从先秦至19世纪中叶前的建筑，这是一个独立的建筑体系。中国传统建筑风格的形成过程非常漫长，它是中华民族数千年来实践而形成的独特文化之一，也是中国的劳动人民在各个时期的智慧与创造的累积[6]。而中国传统建筑中有很大一部分是来自于村镇传统建筑，在其形成过程中因为受到了不同的人文风俗、地理气候等因素的影响，逐渐形成了自己的特色形态和风格的村镇传统建筑。

传统建筑并非没有变化，中国传统建筑的形成与发展有着悠久的历史。由于中国幅员辽阔，各个地方的气候、地质、人文等条件各有不同，形成了独具特色的地方建筑风格，特别是民居形式更加多彩丰富。例如西北的窑洞建筑、南方的干栏式建筑、北方的四合院建筑、游牧民族的毡包建筑等[7]。中国传统建筑更是影响了整个东亚的建筑体系，因此中国传统建筑在世界建筑史上占有十分重要的地位，与欧洲建筑、伊斯兰建筑一起并称为世界三大建筑体系[8]。中国建筑艺术有着悠久的发展历史，不同地域和民族的建筑艺术风格等各有不同，但它们在传统建筑的组群布局、空间、结构、建筑材料及装饰艺术等方面都有相似的特点。[9]

（1）院落围合：从四合院民居到万里长城，尽管这些建筑类型空间层次各有不同，但它们都属于同一种空间形态——内向开放而对外封闭的空间形态，它们都一同服务于或体现于一个社会系统。而这种类型的内向层次型的空间模式，最具代表的便是传统园林，不仅注重形式且更讲究意境。在传统园林之中，四周有廊、轩、亭、厅等粉墙或建筑，将院落围合在内，以假山、树木、池水、建筑或墙垣划分空间。[9]

（2）中轴对称：东西方建筑单体都寻求对称，但中国建筑的空间布局特别以轴线对称见长。在受中国"周礼"思想影响较大的建筑体系当中，中轴对称体现最为明显。古代都城规划中，大多的主宫殿位于中轴线上，以宫室为主体，次要建筑位于轴线两侧，左右对称布局，遵循"前朝后市"、"左祖右社"等，比如唐长安城或明清北京城的规划布局[5]。

（3）木质结构：中国传统建筑的结构，不管是皇家的宫殿，还是分布于各地域的各个类型的建筑，比如民居、宫殿、园林等，其采用木质结构的特点在世界古代建筑史中都是非常独特的。

（4）天人合一：中国人自古就喜爱自然、崇尚自然，先民们注重"天时、地利、人和"的和谐统一。崇尚自然美和"天人合一"的思想成为中国传统美学的核心，和它对应地产生了丰富多彩的山水园林、山水文化、山水画，也出现了众多风景名胜区。

（5）地域性：在中国传统建筑漫长的发展进程中，由于地形地貌、气候条件和风土人情各不相同，慢慢地形成了独具特色的地域民居，如皖南民居、岭南传统民居、北京四合院、苏州园林、晋商大院、福建土楼和少数民族民居等。[8]

1.3.2　保护的概念

"保护"是建筑遗产保护理论体系中的一个基本术语。指的是一种防止传统建筑朽烂和被破坏的行为，即延长文化和自然遗产生活的一切行为，其目的是向人们展现文物古迹及其周围环境和其他有关要素中所带有的历史、艺术和人文信息。全国文物工作会议提出要坚持"保护第一、加强管理、挖掘价值、有效利用、让文物活起来"的新时代文物工作方针，这侧重于保存的意义。

同济大学常青教授认为建筑遗产的"保护"（conservation）有狭义与

广义两个概念。狭义的保护仅指维持建筑遗产现状而不继续损坏的"保存"（preservation）。广义的保护则包括：第一，对建筑遗产的保存研究和价值判定；第二，干预程度较低的定期维护和修复；第三，干预程度较高的整修、翻新和复原；第四，在特殊情况下的扩建、加建和重建等。目前国内对保护的概念侧重于保存，而国外对于保护的概念经过不断发展已经包括保护文化遗产的所有领域[10]。

由于大多数保护行为是关于建筑物的，因此设立了"历史建筑保护"相关的专业。建筑保护包括对历史建筑的正常维护、修理以及预防性处理或修复。作为一个过程，可能从整体规划到详细工艺上会不同程度地参与整个保护活动，特别会侧重于维护资源完整性的科学研究。它更加注重运用非破坏性的研究技术，对早期建筑技术等各个方面进行更加深入的科学研究，主要针对历史建筑材料的损坏进行预防处理。

所以，村镇传统建筑保护一方面需要充分认知建筑物作为文化要素所承载的遗产价值；另一方面是运用整体性研究的方法，去评估并指导具体的保护干预措施，最终实现单体建筑或复合体的考古、历史和美学内涵与实际的社会文化、经济生活以及未来发展规划相联系。

1.4 传统建筑保护的意义

1.4.1 传统建筑的主要价值

传统建筑文化不仅可以为现代建筑设计提供有丰富内涵的参考素材和扩展的思维空间，还能更加凸显建筑设计的个性化特征，提升其中的艺术文化内涵。将传统建筑文化与现代建筑设计相结合，可突出人文情怀、体现现代科学特征、展现时代发展的新风貌、传承民族文化。[11]

传统建筑印刻了人类社会发展的历史印记，同时也是中华几千年的历史文化底蕴的积淀，是人类传承和发扬中华文明的根基，具有非常珍贵的历史价值。中国传统建筑是由各个民族各不相同的自然环境中创造出来的独具特色的建筑形态，具有文化与自然遗产的多元价值和文化多样性，拥有独特的文化价值。每一个传统建筑都展示了当地的建筑艺术和空间格局，同时也反映着建筑与周围环境的和谐关系，具有极高的审美和研究价值。对传统建筑进行全面系统的研究，既可以抢救性保护、梳理文化遗产，又有利于传承乡土文化、保护历史记忆。

1.4.2 传统建筑面临的危机

早在 20 世纪中叶，国际社会已经认识到文化遗产面临着许多方面的危机。《世界遗产公约》（1972 年）提到："文化遗产和自然遗产越来越受到破坏的威胁，一方面因年久腐变所致，同时社会变化和经济条件使情况恶化，造成更加难以对付的损害或破坏现象。"总的来说，对传统建筑的破坏主要来自两个方面，即自然破坏和人为破坏。

1）自然破坏

来自自然的破坏，一是自然灾害，二是自然侵蚀。前者一般是突发的、瞬时的，后者是渐进的、持久的。

自然灾害，如洪水、地震、滑坡、泥石流、暴雨雪等，对传统建筑的破坏常常是极其重大并且无法预料的。比如 2003 年 12 月 26 日，在伊朗东部发生里氏 6.3 级重大地震，巴姆古堡毁于一旦；2004 年 7 月 20 日，贵州省黎平县地坪乡的风雨桥（全国重点文物保护单位）在一场突发的洪水中被冲毁；2008 年 5 月 12 日发生汶川地震，世界遗产都江堰二郎庙等建筑遭到了严重的破坏。

自然侵蚀是指雨水侵蚀、气候变化、阳光照射、生物繁殖等对传统建筑的持久的侵蚀。各种材质对不同侵蚀的抵抗力也大不相同，如木材在潮湿的空气中就极易腐烂。山西之所以能够留存下较多的历史建筑，其重要原因就是气候干燥，有利于木构建筑的保存。此外，建筑面临的环境污染，也对其有较大的影响，如印度知名古迹泰姬陵因为空气污染，其白色大理石由白变黄，美感被严重破坏。

2）人为破坏

人是文化遗产的创造者，但同时也是长期保存历史文化遗产的最大威胁。人类无论是有意识还是无意识的破坏行为，都会对传统建筑造成严重的后果（图 1-3）。

首先是不当使用、改造与拆除。由于生活需求或建筑功能的变化导致建筑所有者会对其进行不合理更新改造，以及由于保护意识的缺乏而造成了传统建筑被不当使用而遭到破坏，是人为破坏中最常见的情形。其中，建设性破坏是对传统建筑危害最大的一种情形，其大

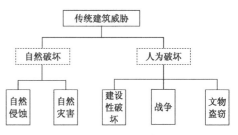

图 1-3　传统建筑面临的威胁

部分是随着城镇化进程而发生的。当前我国正处在快速城镇化的进程中，建设性破坏问题非常严重。据统计上海自 1952 年到 2002 年，新建建筑的总面积近 6 亿 m²，大约相当于 10 个中华人民共和国成立前的上海老城。改革开放之前，很多情况下由于无知或是对建筑遗产的漠视，造成了对传统建筑的破坏行为，而现在则大多出于对经济效益无止境的追逐。很多建筑遗产遭到破坏，甚至部分被列入文物保护单位或优秀近现代建筑名录的建筑也未能幸免。如郑州市在 2011 年公布了第一批"优秀现代建筑保护名录"，共计 32 处近现代建筑入选，但仅在公布后不到两年的时间就有东方红影剧院、郑州国棉三厂办公楼、南乾元街 75 号院等名录中的建筑被拆除。再如天津自 1980 年以来，被拆除的天津市文物保护单位就有 4 个、区县文物保护单位 16 个以及文物点 160 个，约占全市文物保护单位的 1/6。[12]

其二是动乱和战争。世界上的每一次动乱和战争，都会造成很多传统建筑的破坏甚至毁灭。2001 年 2 月 27 日，阿富汗塔利班最高首领奥马尔因为反对偶像崇拜，下令准备毁灭阿富汗境内的所有佛像，在这之中也包括位于巴米扬山谷的两座巨型佛像。这两座建造于公元 3 世纪的巴米扬大佛是世界上最高的古代立佛像[13]。塔利班的这一决定随即震惊全世界，许多国家领导人和国际组织纷纷呼吁塔利班终止这一行动。不幸的是，3 月 2 日，两尊具有 1500 年以上历史的巨型石雕佛像（名为"沙玛玛"和"塞尔萨尔"），还是在阵阵炮声中被彻底毁灭，化为碎石砂砾。2003 年 7 月，在巴黎召开的第 27 届世界遗产大会做出了一个异常的决定，虽然阿富汗没有申报，还是把巴米扬山谷纳入当年的世界遗产名录，同时将巴米扬山谷直接列入世界遗产濒危名单。又比如 2008 年，在格鲁吉亚和俄罗斯发生军事冲突后，双方互相指控对方均在战争中有对于对方文化和历史遗址的破坏行为。格鲁吉亚发表了一份长达 26 页的指控报告，报告指出俄罗斯在当年八月的空袭中毁灭了格鲁吉亚多达数十座有着悠久历史的教堂、博物馆和修道院。而俄罗斯也声称格鲁吉亚军队破坏了俄罗斯多达 11 处历史和文化遗址，包括一座犹太教堂、18 世纪的圣母教堂以及历史保留区的部分建筑。[14]

其三是火灾和火患。由于中国传统建筑主要使用木构，所以很容易被火灾和火患毁坏。1932 年，梁思成在《蓟县独乐寺观音阁山门考》一文中提到："木架建筑法劲敌有二，水火者也。水使木朽，其破坏率缓；火则无情，一炬即成焦土。"引起火灾和火患的原因很多，如用火不慎、故意纵火、电线短路等。2003 年，湖北武当山的遇真宫主殿（建于明永乐年间）毁于火灾。韩国首尔市崇礼门在 2008 年也因火灾化为灰烬。2019 年 4 月 15 日，法国巴黎圣母院发生火灾，造成有着 852 年历史的中轴塔在火中坍塌。

1.4.3　传统建筑面临的机遇

1）国家历史文化遗产保护视角的变迁

经过一百多年的发展，中国的历史文化遗产保护正在发生变化，即从主要保护重要纪念建筑，到保护"随着时光逝去而获得文化意义的过去一些比较朴实的艺术品"，从保护"单一建筑"到保护"一个历史事件见证的乡村或城市环境或一种有意义的发展"，逐步建立"文物保护单位—历史文化街区、村镇—历史文化名城"这一多层次文化遗产保护体系。传统村镇建筑文化保护恰好是这个体系中的重要组成部分，也是从"文物保护"到"文化遗产保护"的重要实践。

回顾中国传统村镇建筑文化保护的历史，早在国务院公布我国第二批国家级历史文化名城时，就已经提出要对文物古迹较为集中、或者是能完整地体现出某个历史时期传统风貌与民族地方特色的建筑群、街区、村镇、村落等也予以保护，并确定公布为地方各级"历史文化保护区"。这也拉开了中国历史文化村镇保护的序幕。在 2002 年修订的《中华人民共和国文物保护法》中，明确提出了"历史文化村镇"这一概念是指保存文物非常丰富而且有重大革命纪念意义或历史价值的村庄、城镇，并以法规的形式确定了名镇（村）在中国文化遗产保护体系中的重要地位，这也是中国历史上第一次用国家强制力来实行对优秀村镇文化遗产的保护。在此之前，中国历史文化村镇的保护主要依赖宗教势力、乡规民约或者是当地有识之士的呼吁，并没有国家强制性的保护措施。2002 年 9 月 28 日，建设部颁布《关于全国历史文化名镇（名村）申报评选工作的通知》，同年发布了《历史文化名城和历史文化街区、村镇保护条例》。2003 年 5 月 13 日，国务院出台《中华人民共和国文物保护法实施条例》，其中第七条规定，历史文化村镇由各省、自治区、直辖市人民政府城乡规划行政主管部门和文物行政主管部门共同评定，并报本级人民政府批准公布。2003 年 10 月 28 日，建设部出台《中国历史文化名镇村评选办法》，同时国家文物局一同决定在各省、自治区、直辖市的历史文化村镇的基础之上，评选出第一批"中国历史文化名镇"与"中国历史文化名村"，并且对"历史文化村镇"这一概念作了更深入的阐述，即"保存文物特别多样而且具有革命纪念意义或重大历史价值，可以较全面地反映一定历史时期的地方民族特色和传统风貌的镇（村）"。2005 年 10 月 1 日，建设部颁布的《历史文化名城保护规划规范》，其中规定了针对历史文化村镇的保护规划可按照此规范执行。2005 年 9 月 16 日和 2007 年 6 月 9 日，国家文物局、建设部、联合公布了第二、三、四批中国历史文化名镇（村）。至 2019 年，住房和城乡建设部和国家文物局联合公布了七批共 799 个中国历史文化名镇名村，其中名镇 312 个，名村 487 个。[1]

2）传统村镇旅游热潮的影响

被称为"活着的文化遗产"的传统村镇文化景观正得到越来越多的人的关注。实际上，我国作为传统的农业大国，仅现存的村落就多达 10 万个，其中"古村落"大概有 5000 个；我国历史文化村镇及其村镇传统建筑遗产地域分布之广、数量之多、文化内涵之多样丰富实属罕见，且各具特色，目前已慢慢地进入游客的视野，使得近年来传统村镇旅游的热潮不断升温。

针对这股热潮，国内也出版了许多有关传统村镇旅游的书籍。这些书籍大多注重于介绍传统村镇的历史沿革、风土人情、文物建筑，并没有将传统村镇作为学术性研究对象，缺乏在传统村镇的学术层面上的进一步研究。

1.5　传统建筑保护的真实性原则

1.5.1　真实性概念

真实性的概念最开始在 1964 年起草的《威尼斯宪章》（Venice Charter，1964）中出现，经过国际建筑师协会第 2 次代表大会审议通过，这是关于文化遗产保护的基础性和纲领性文件。它提出了普遍意义和突出价值的保护准则，同时不仅对保护原则、保护概念作了系统的阐述，它也是第一部提及建筑遗产保护完整性和真实性问题的国际宪章。在宪章的开篇就指出：传递历史古迹的真实性的全部信息（the full richness of their authenticity）是我们应尽的职责 [15]。《威尼斯宪章》在颁布之后逐渐得到了欧洲社会的广泛认可，促进了欧洲文物古迹的修复与保护。想要全方位地评估文化遗产的真实性，先决条件就是理解和认识遗产产生之初和其之后产生的特征以及这些特征的信息来源和意义。真实性内容包括：材料与实质、遗产的设计与形式、利用与作用、环境与位置、传统与技术、感受与精神。有关真实性的详细信息的利用和获得，需要足够充分地了解某一项具体的文化遗产其独特的历史、艺术、科学和社会层面的价值。文化遗产真实性的保留还在于各个社会和文化都包含着特定的手段和形式，它们以无形或有形的方式构成了某个遗产 [16]。

1.5.2　真实性原则的内涵解读

真实性内涵在建筑遗产保护的发展历程中被不断扩充，形成体系。拉斯金（John Ruskin）曾经指出："就像不能使死人复活一样，建筑中曾经伟大或美丽的任何东西都不可能复原。整个建筑生命的东西，亦即只有工人的手和眼才能赋予的那种精神，永远也不会召回。"美国的反修复论者（anti-restorationist）也表明了同样的观点。在 20 世纪 30 年代，当时担任 AIA 建筑保护委员会主席的费斯克·肯贝尔（Fiske Kimball）提出了"保护胜于维修、维修胜于修复、修复胜于重建"这一著名观点。历史学家、国家公园组织成员奥伯瑞·尼森（Aubrey Neasham）于 1940 年这样说过："这些修复和重建不但是不真实的仿造，而且是不科学的。不论我们如何去复原，我们都不能提供绝对真实的历史细节和历史精神。"于 1972 年 UNESCO 颁布的《保护世界文化和自然遗产公约》就认为文化遗产保护的原则性问题是真实性，因此真实性成为监管、定义、评估世界文化遗产的基本要素，并且这已达成了广泛共识。于 1981 年颁布的《佛罗伦萨宪章》对历史景观和古园林保护的真实性也进行了明文规定："历史园林的真实性不仅依赖于它各部分的设计和尺度，同样依赖于它的装饰特征和它每一部分所采用的植物和无机材料。在一座园林彻底消失、或只有其某些历史时期的推测证据的情况下，其重建物不能被认为是历史园林。"于 1994 年颁布的《奈良真实性文件》中，尤其关注挖掘世界文化的丰富多样性和对于多样性的不同描述，其中的描述包括历史地段、纪念物、无形遗产、文化景观。于每一种文化内，针对遗产价值的相关信息源和特性的真实性和可信性的认识需要达成共识，这也是极其重要的工作[17]。

对于艺术品、文物古迹或历史建筑，也可以把真实性理解为用以判断文化遗产意义的那些信息是否是真实的。文化遗产保护的真实性代表其物体实现过程与遗产创作过程的真实程度、内在统一的关系、和被侵蚀的这种状态。

保护各历史时期和各种形式的文化遗产，要以遗产所包含的价值为基础，而人们要理解这部分价值的能力会部分依赖于与这些价值相关的信息源的真实性和可信性。对这些信息源的理解与认识，与文化遗产开始和后续的特征和意义有关，这也是系统评定真实性的必要基础[8]。

对于任何一件"赝品"，不管它是仿制品、复制品还是复原品，也不管它是否有过度的修复，就算它可以以假乱真，都不应该把它们理解为原物（original）。为了满足原本的使用功能要求，或者给那些要求历史街区（或历史建筑）和周边环境做出最小改变的文化资产提供一个合适协调的用途，这需要我们做出多方面的努力，而历史建筑最初的、易于被识别的特征或品质将不应被破坏[18]。那些可能发生的更改或消除建筑外观特征和历史性材料的行为应该被制止，所有的构筑物、建筑物以及历史街区应该作为它们所处时代的产物而被识别，那些并没有把历史真实性作为基础的改变与恢复原始面貌的设计应该得到阻止。

我们不应该把现代保护理解为一种重复与模仿过去的形式，而是一种和自己的现代价值有关的再次演绎。在我们没有对现存的历史与建筑充分理解之前，就不能把保护工作很好地完成[15]。清华大学陈志华教授就曾提出："文物建筑保护的第一的、最高的原则是保持历史的真实性。历史的真实性是一切文物的价值所在，没有历史真实性的东西就不是文物。"

1.5.3 真实性原则的评价体系

1）自然环境的真实性

自然环境包含村镇所在的植被情况、山水环境以及村镇选址。而村镇选址恰是人们顺应与改造自然的体现。

植被和山水环境是村镇自然环境主要的要素。山体的起伏构成了天际轮廓线，在这之中的历史文化村镇的景观丰富多彩，伴随着人们视点的移动，千变万化的景观逐渐进入人们的眼中。山体的地貌、地势会让我们形成视觉冲击，但对于村镇中的村民而言则是天然的防御屏障。宜人的村镇的自然环境面水背山，岸线、水势、水质是人们可以直接感受到的。其中对居民生产和生活影响较大的是水势和水质。河流为村民们提供生活用水，村民们在此打水、洗衣，从而成为村镇里村民们集聚的场所。又因为河流受到气候的影响，会有涨落变化，为了防止汛期淹没农田和村镇，人们会在河流两岸修筑防洪设施，形成人工的河岸线，而河岸线可以活化村镇的公共空间并且和山体一起形成宜人的景观。部分河流会设置码头来承担当地的人流集散、货物运输、商业氛围烘托、贸易繁荣的功能。植被带有遮蔽的功能，植被使村镇的私密性增加，不容易被外人发现和入侵，以此来保障村镇的安全；此外植被还可以净化空气、美化环境，为村民提供适宜的居住环境；伴随着四季流转，植被也呈现各种形态，使村镇的四季都各有韵味；在植被资源丰富的村镇，居民们还用木材来制作门窗、建设房屋。

2）空间格局的真实性

历史文化村镇空间格局由街巷空间和传统建筑组合而成，而影响空间格局的主要因素有传统街巷的数量、传统街巷最长长度及其功能特色、传统建筑的面积、传统建筑面积占建设用地面积的比例（图1-4）。

传统建筑是村镇历史上的保存程度

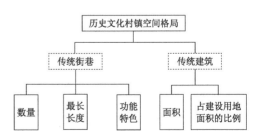

图1-4　历史文化村镇空间格局

和发展规模的见证实物，当传统建筑初具规模时，会形成历史环境氛围，让人们感受到历史的回归。传统建筑面积占建设用地面积的比例会间接反映村镇的发展历史与空间形态。村镇用地构成相对单一，主要由绿地、道路用地、居住用地构成。村镇农户民居、祠堂、庙宇等建筑均集中布置，从而形成群体，在传统建筑初具规模后经常呈现集中型、带状、不规则、弧圈型等形态。

传统街巷的数量、传统街巷最长长度及其功能特色能反映街巷保护情况和村镇街巷格局。街巷格局受到地形与地貌的影响，其布局形式在平面上会呈现各种的形态，如网状、带状、鱼骨状道路结构。大多历史文化村镇的街巷格局丰富，位于山区的村镇街巷曲折变化，一些平直的道路也因为道路交叉让街巷的景色通而不透、步移景异。村镇街巷的铺装受经济与自然因素的影响也各独具特色，大部分都如瓷片、河卵石、条石这些本土的材料。一些街巷利用材质对街巷进行分级，主要巷道采用条石，次要巷道采用夯土或卵石，暗示了街巷空间的主次关系，也强调了街巷空间的导向性。功能特色是指街巷承担村镇中交往、交通、贸易、防御、排水等功能。而街道的功能不同其宽度也有差异，如巷道只承担了交通功能因此较窄。由于古代使用马车作为交通工具，街巷的宽度与之相适应。村镇主要街道的宽度与沿街建筑 D/H 约为 1，有利于村民们的交往，尺度宜人；而狭窄的巷道因为其宽度较窄，沿街的房屋显得过于高大，会给过往路人压迫感。然而由于距离比较短，当其余主要街道或住宅相连接时，会形成强烈对比，而后者会显得更加开敞[9]。因此，街巷是村镇的一条视觉廊道，其沿街的立面可以展现古村镇的建筑特色。因为建筑的地势高低不同、功能不同，会出现前后、高低错落的现象。一些建筑门楼沿着街巷，一些院墙朝外，散布穿插的小巷形成了丰富多样的沿街立面。村镇内有一些公共建筑和公共设施，如祠堂和塔。这些公共场所便成为村民们节日集聚的地方，因此广场围绕着他们布置，变成村镇街巷中的重要节点。

3）历史建筑的真实性

传统建筑的真实性主要包括建筑材料和建造技术所承载的全部历史信息的真实性。

中国幅员辽阔、历史悠久，自然环境复杂，民族多样，不同的建筑材料和建造技艺反映着不同的社会经济发展阶段、不同地域、不同文化等。如陕西的大部分地区均位于中纬度的温带，远离海洋，偏居内陆。因此与同一纬度东南沿海的地区相比，陕北和关中气候偏寒、偏冷，变化剧烈，因此要使用高蓄热材料。建筑使用紧凑封闭的布局形式进行保温，同时有效地利用了土地。并且在地形条件允许时，村镇建筑平面为方形或矩形，组合形式则为院落围合，由厢房、厅房、正房、门楼、院墙围合成一进、两进或三进院落，这是依据屋主的财力以及用地情况而定。由于受礼制思想的影响，建筑平面多数呈中轴对称，例如党家村四合院。在山区，平面首要考虑的因素是顺应地形，建筑的细部装饰的工艺和材料是受地缘关系和自然条件的影响。其中，陕南地区的木材资源丰富，所以民居较多使用木材装饰；关中地区交通较为便利，民居中有石雕、砖雕、木雕；另外官员和经商者比较多的村镇还会受到外来因素的影响，例如韩城民居建筑的砖雕受到北京建筑的影响；陕北树木比较少，建筑装饰大多为石雕和砖雕。这些装饰布满整个建筑，如墙体、入口、屋脊、屋檐、门窗等。

历史建筑为民居住宅，大多是由农民自己或农村工匠建造的，由于物质条件、道路条件和经济条件的限制，建筑材料往往会就地取材、因地制宜，当人力、财力都允许时，将会使用比较好的材质建造较高质量的住宅。建筑的建筑材料和建造技艺是相适应的，例如陕西历史村镇中有窑洞和木结构等建筑形式，这些建筑大多是村民自发地建造。它们因地制宜，成为当地特色文化。其中大多数木构架建筑建于明、清和民国时期，可分为穿斗式和抬梁式构架，主要的建造材料是砖、瓦、木材、麦秆和黄土。陕西省的窑洞大多位于秦岭以北——陕北和渭北地区，主要的建造材料是麦秆和黄土，其结构形式又可分为独立式、下沉式、靠崖式。

4）历史环境要素的真实性

历史环境要素包括反映历史风貌的古井、古桥、城墙、古树名木等。它们都是村镇历史环境中重要的组成部分，但由于没有被列入文物保护单位，常常因缺乏有效管理和保护而消失。村镇的历史环境包括了自然形成的地理环境和人们创造的建成环境。

随着人们对历史建筑的价值认识不断丰富，单纯地博物馆式的保护与利用已不能满足人们对历史建筑历史价值的认识要求，历史建筑周围的历史环境的保护逐渐成为关注的对象。组成历史环境的要素大多在村镇中很常见，包含了村民生产、生活以及社会文化的真实历史信息。

1.6　传统建筑保护的完整性原则

1.6.1　完整性概念的形成

完整性（integrity）一词源于拉丁语词根，有两种含义：一种是安全的，另一种是完整的。在现代语言中，它通常被理解为一种完整的性质和完好无损的状态。

完整性是指"未被人类干扰的原始状态"（intact and original condition）。完整性的概念包括遗产资源的"完好和健康"（wholeness and health）[19]。如果某项遗产资源被认定价值没有受到威胁或损害，能够有效地向公众传播，并且在影响遗产地的所有行动和决定中受到尊重，那就可以说这个遗产地有完整性。将完整性认定为遗产保护的一项重要原则，最开始是用来评估自然遗产的保护。1977年出版的《实施世界遗产公约操作指南》（以下简称《操作指南》）规定，对任何世界自然遗产的评估必须至少符合四项标准之一和相应的完整性条件。《操作指南》同时提出完整性测试中包括的因素有：地域关联性、时间连续性、类型多样性、生态系统完整性，并且具有完备且持续的立法、保护和监管措施等。当某项自然遗产被提名列入《世界遗产名录》的时候，委员会将确定其是否符合以上自然遗产四项标准中的至少一项，并测试其完整性。

1.6.2　完整性原则的内涵解读

1964年出台的《威尼斯宪章》提出："保护历史遗迹意味着保护一定范围的环境，必须维护所有现有的传统环境，不允许新建、拆除或是改变行为导致色彩和群体关系的变化。"（第6条）"历史遗迹必须受到专门的保护从而维护其完整性（integrity），并且确保以适当的方式进行开放和清理展示。"（第14条）这是一份在国际性宪章中较早提出历史遗迹保护的完整性问题的文件。

1975年（欧洲建筑遗产年），人们已经意识到，尽管在建筑群中缺少价值非常突显的例子，但它们的整体氛围具有艺术特色，可以将不同风格和年代的建筑融为一体。这些建筑群理应得到合理的保护。通过正确选择合适的功能以及实施精细的修复技术，可以实现整体性保护（integrated conservation）的目标。

UNESCO于1976年颁布的《内罗毕建议》也全面论述了历史地区及其环境（setting）保护的问题。"环境"是指影响历史区域静态或动态景观的人工或自然背景，以及在空间上有着直接的联系或者通过社会、文化和经济联系的人工或自然背景。在过去，完整性是评定自然遗产保护状况和价值的重要指标。随着对于自然遗产和文化遗产保护的深入，文化遗产的完整性问题越来越受到重视。事实上，真实性还表达了描述场所、活动或物体与其原型相比的相对完整性的含义[15]。

令人遗憾的是，多年来，尽管一些大型纪念建筑得到了有效的修缮和保护，其周围环境却被忽视了。直到现在人们才逐渐意识到，一旦周围环境的整体氛围减弱，纪念物的很多特征就会消失。2005年10月，在西安举行的ICOMOS第15届大会通过的《西安宣言》中提出了新的文化遗产保护理念，将文化遗产保护的范围扩大到其周围环境和环境中包括的所有社会、历史、习俗、精神、文化、经济活动。换言之，在过去，尽管建筑遗产保护也关注周围环境，但在大多数情况下，这种"环境"仅仅是物质实体的，或基于视觉或空间的关联。《西安宣言》把古遗址、历史区域、历史建筑的环境定义为直接和延伸的环境，是构成或作为遗产独特性和重要性的组成部分。《西安宣言》还指出，除了视觉和实体里包括的含义外，环境还包含与自然环境之间的作用；所有现在或过去的精神实践和社会活动、传统认知、习俗或活动、创造并形成了周边环境空间的其他形式的非物质文化遗产，以及当前动态发展的经济、文化、社会背景[20]。

扩大文化遗产的保护范围，有助于保护遗产环境中动态发展的非物质和物质文化遗产。广义上的文化遗产概念应考虑到社会和文化中存在的传统及其相互关系的异同，并扩展到整个区域环境。

1.6.3　完整性原则的评价体系

1）物质结构的完整性

文化遗产的物质结构（physical structure）包括遗产实体和周围环境。遗产实体是指构成遗产的物质要素及其构成关系；周围环境是指与遗产价值的体现有关、会影响遗产价值的一切外部环境构成。遗产的物质结构形态是人类创造力的见证，反映了地区环境的整体性以及地区建设与发展的连续性。《实施世界遗产公约操作指南》对关于文化遗产的完整性，在物质结构方面提出了两项要求：①包含普遍价值的一切显示突出的要素；②具有足够大的规模来确保反映遗产重要特点的完整性（第八十八条）。[21]

因此，在物质结构方面对文化遗产完整性的要求可以概括为两个方面：整体形式和特色元素。事实上在具体保护实践的过程中，各个类型的遗产体现各自的价值的侧重点不一。《下塔吉尔宪章》提出：对产业遗产的保护依赖于功能完整性的保护，对某个产业遗址的改动应该尽可能地注重维护。如果机器或部件被拆除，或者构成整个遗址的辅助部件被破坏，产业遗产的真实性和价值将被严重削弱。机器和部件是近代工业生产的物质见证，也是产业遗产中最重要的物质要素，应使用合适的方式永久保存。在《乡土建筑遗产宪章》提出：在干预村镇传统建筑时，我们应维护和尊重地方的完整性、保持其与文化景观和物质景观的联系还有建筑之间的关系（第二条），这显示出了在地域联系方面遗产完整性的要求。

2）视觉景观的完整性

视觉景观是指我们感受到的精神氛围、物质形态的综合对象，不仅包含建筑、地形、植被等人工和自然要素，还包含人类活动的全部内容及其影响。

视觉景观的完整性（visual integrity）有利于界定遗产的艺术特征。文化遗产的物质景观特征主要受到现代工程和空间特色干预的影响。天际线、自然环境等要素所影响的空间特征是影响视觉景观直接的因素，而当代道路和建筑等市政工程的建设给历史环境的视觉质量产生了很大的影响。如何协调它们带来的变化已变成文化遗产保护领域面临的另一个重大课题。

除了物质景观特征以外，视觉景观还包括遗产环境的功能状态。人们对于景观的感受与这两个方面的形态和它们间的联系紧密相关，伴随着功能改变以及时间流逝，这种功能状态也在持续变化。功能特征的物质体现影响着视觉景观，但是保护文化遗产在功能特征上的完整性，其关键是延续遗产地的社会功能特征。[21]

3）社会功能的完整性

社会功能（social function）是指遗产地在发展的过程中积累的功能特征和可以在此遗产地进行的实践或活动行为。这些特征与精神反应、社会、人类的活动和对自然资源的利用相联系。文化遗产不仅是历史见证，还被当作延续经济、文化、社会功能的重要载体。因此，文化遗产的社会功能完整性已越来越受到关注。

文化遗产地的功能特色表现在人们生活、生产的不同方面，各个地方通过社会功能而表现出的遗产价值各有不同。从人与自然的联系到人们之间的交往方式、从人们的日常生活饮食到遗产地区的商业活动等，无不体现着遗产地的独特性，这些差异也正是文化多样性最直接的表达。

文化遗产的完整性体现在视觉景观、社会功能、物质结构三方面各有不同，视觉景观的完整性同时受到社会功能和物质结构要素的影响；社会功能的完整性体现在遗产地的人类活动。物质结构的完整性包括遗产外部环境和自身结构的完整，是保护文化遗产的地域联系和特征要素方面的要求。总而言之，社会功能的完整性包含在空间结构的完整性中；空间结构的完整性是实现社会功能完整的重要载体；尽管视觉完整性是表象，但它却是物质空间和社会功能综合作用的结果。

真实性与完整性都是保护和评价文化遗产的主要原则。以前完整性是评估自然遗产保护状况和价值的重要指标，但是随着自然遗产与文化遗产保护工作的深入，越来越多的人开始关注文化遗产保护的完整性。而真实性也可以说是描述活动、场所或实物与它原型相比的相对的完整性。

《奈良真实性文件》提出，世界文化遗产的多样性使得真实性的概念和应用植根于各自的文化体系。不可能把真实性放在固定的标准立面来评判，这取决于对文化遗产价值有关信息可信度的评判和特征。"根据文化遗产的文脉关系和本性，对真实性的判断将涉及大量信息源中有价值的那部分。信息源的不同方面包括物质与材料、设计与形式、技术与传统、感觉与精神、使用与功能、环境与位置等内部和外部因素。允许使用这些信息源测试文化遗产在历史、艺术、科学和社会等方面的详细情况。"（第十三条）

修订后的《实施世界遗产公约操作指南》把之前的"真实性检测"（test of authenticity）修改为"真实性条件"（conditions of authenticity）。真实性条件中包括的特征就是《奈良真实性文件》中已经确定的信息源（第八十二条）。修订以后的《操作指南》规定了判断文化遗产完整性的标准：包含所有显示突出普遍价值的要素；具备足够的规模，以确保遗产重要特征的完整；能够承受"发展"和"忽视"两方面的不良影响。

真实性旨在通过遗产的使用功能、材料、设计等方面的情况来评判遗产所反映历史的真实程度，这从《操作指南》第八十六条的说明中也可以看出："委员会只能接受根据对原址进行细致、完全的纪录而无臆想状况下的重建。"完整性旨在通过要求文化遗产以完好、安全的状态来反映其价值。

由此可见，完整性和真实性是出于保护遗产价值的要求，区别在于，真实性偏重于遗产价值的"时间维度"，但完整性则偏重于遗产价值的"空间维度"。这两者是密不可分的，文化遗产的完整性要基于真实性，缺乏真实性也就丧失了遗产价值存在的根本；遗产原真性的保护也要完整性来支撑，就像周围环境被破坏的那些纪念物，它的真实性也会大大降低。但是与真实性相比，遗产的完整性不仅包括遗产物质状态的完整性，还强调了遗产地在社会功能和视觉景观方面的延续性（continuity），这有利于我们更加系统地理解文化遗产的价值。[19]

◆ **思考题**

1. 什么是传统建筑？试举例说明传统建筑有哪些特点？

2. 如何理解传统建筑保护？传统建筑保护包括什么？

3. 传统建筑主要价值包括哪些？请简述常见的三大价值？

4. 传统建筑保护项目中，有哪些不同的介入角度？

5.《奈良真实性文件》如何定义真实性？为何要保持真实性？

6. 真实性原则的评价体系包括哪些方面？

7. 完整性的定义是什么？为何要保持完整性？

8. 完整性原则的评价体系包括哪些方面？

第 2 章

———

村镇聚落与传统建筑

2.1　村镇聚落的发展演变

本节从聚落的起源与发展、聚落演变的规律以及聚落演变的影响因素三方面论述村镇聚落的发展演变。

2.1.1　聚落的起源与发展

从广义上来说，聚落是指人类用来聚居与生活的场所，是一种由文化驱动成的地理现象，是人类主动开发与利用自然创造出的群体生存环境，是人文与自然因素的综合体现。在建筑学研究领域，聚落也指代传统古村落，即历史发展悠久又保存完整的乡村聚落，如《汉书·沟洫志》的记载，"或久无害，稍筑室宅，遂成聚落"；进入近代，聚落成为广义上的居民点代称，在文化地理学领域研究兴起之后，聚落凭借其自身所包含的文化景观内容成为聚落地理学的重点研究对象[22]。

聚落起源于旧石器时代中期，原始公社制度的影响下，以氏族为单位的聚落是单纯以农业为核心的农业村舍，所以说聚落的产生实际上是第一次社会大分工的产物，产生的根本原因是原始畜牧业和农业的发展使人们"聚而落之"，在居住和生活场所确定的情况下，产生了人类早期聚落群，也就是最原始的社会单元。进入奴隶制社会后，又发生了第二次劳动大分工，手工业、商业与农业被分离开来，开始形成了居民不直接以农业生产为营生的集市聚落，于是聚落分化就分化成城市型聚落和乡村型聚落，这两种聚落模式是人类有意改造和利用环境的见证[23]。在奴隶制社会和封建制社会中商品经济都没有占到主要地位，所以乡村聚落一直都是中国聚落的主要类型，也是中国乡村具有巨大价值的原因之一（图2-1）。

从狭义上讲，聚落包括独栋房屋、多户聚在一起的村庄以及尚未形成城市建制的农村集镇等。广义的聚落包括社会、经济、技术、生产、人文、历史等各个领域的研究内容。从建筑学的角度来看，聚落即定居点不仅指狭义上的住宅总和，还包括居民社会生活和生产的各种设施。同时，聚落具有明显的文化痕迹，无论

图2-1　聚落起源与发展流程图

是住区的内部功能和空间结构，还是外在的形式和组合类型，都有很强的地理环境和地域文化印记。此外，聚落具有不同的平面形状和空间特征。它们受经济、社会、历史、地理等条件的限制，发展过程和最终结果不尽相同。中国拥有广阔的国土、多样的气候环境和宗族文化，因此发展出独特的聚落，这些聚落所蕴含的人文内涵具有极高的研究价值。

2.1.2 聚落演变的规律

聚落的外部形态和空间结构是由自然因素、社会经济因素、文化因素等共同决定的，但是聚落自身的发展演变过程也能决定其基本形象，主要呈现出三个特点：

1）秩序性跃升

导致聚落的演变的因素很多，可能包括自然环境的变化、习俗的变化，或者军事防御功能的突然增加。演变的最初过程通常呈现混乱的局面，聚落的风貌和空间秩序失去自身的稳定性。但后期则回归自然有序，依靠区域地形、自然条件和气候环境逐步达到统一和谐的局面。

2）动态适应性

聚落的演变是一个动态的过程。它需要在很长一段时间内适应变化因素与原始形态之间的矛盾，积累大量的记忆力和学习能力，并形成自己的承载能力，从而在某一时期内表现出稳定性。

3）聚集性跃升

一旦形成稳定的聚落秩序，原来的单核可以逐渐产生集聚效应，并逐渐形成范围更广的村镇聚落。现阶段，村镇之间的能量差异主要是由于资源禀赋的差异以及各村经济活动强度和生产能力的差异，导致村镇人口的流动和变化。这种动态过程的持续性，导致一些村镇逐渐萎缩，而另一些村镇则逐渐壮大[24]。

2.1.3 聚落演变的影响因素

聚落演变主要表现为空间上的填充和蔓延，从空间的历时性上来看，聚落一直处在变化中，这种变化是多种积极因素导致的结果。

1）自然因素

（1）地形因素：这是影响聚落演化的第一个因素，也是影响聚落分布和规模的重要因素。一般发展规律是在平原地区，居民人数较大、聚落规模较大；山区的聚落人口不那么拥挤，聚落规模较小。在地形条件的变化下，外部形态和内部结构将产生符合地形的演化结果。

（2）水文因素：丰富的水网系统将使聚落分散在其周边，在水对社会生产的重要性和中国风水思想的影响下，聚落在河流周围线性分布，水运和水贸易的发展也是其根本动力。例如，在大运河的挖掘和使用下，沿河岸的定居点蓬勃发展（图2-2）。

（3）交通因素：长期以来，道路交通的便利性一直是选择聚居地的重要标准，直接影响聚落形态的分布，其典型的模式就是沿路带状分布、团块状布局、棋盘状布局等形态。交通的再规划和古道的衰落等，直接影响到内部交通和对外贸易，最终影响聚落的演变（图2-3）。[25]

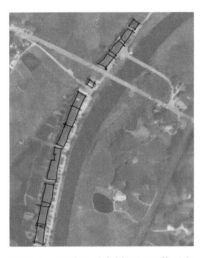 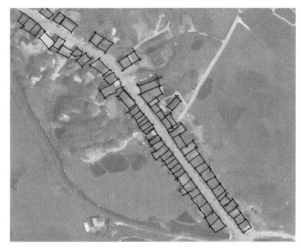

图2-2　望城县千古村沿河聚落形态　　　　图2-3　望城县桥驿镇沿路聚落形态

2）社会经济因素

（1）人口结构：人口的增加和减少对聚落的影响最为直接，人口的持续增长将带来聚落规模的外部扩大，从而改变聚落的形式和空间。人口持续增长是聚落继续扩大和发展的主要因素。人口增长继续产生新增人口对居住空间的需求，推动了聚落内住房建设。目前，我国的村落和村庄大多是三四口之家的小家庭，家庭结构的小型化也大大增加了乡村聚落的居住空间需求，导致聚落数量增加、聚落空间的扩散以及聚落体系的演变。

　　　　　　　　　　　　　　　　　　　　　　　　村镇传统建筑保护

（2）经济因素：经济因素是聚落发展的原动力，其发展速度与演化速度呈正相关。在两千年传统农牧业自给自足的影响下，各地传统聚落长期关闭，基本上是自循环和自发的演化。

因此，传统聚落的地方材料、顺应地形和简单的施工技艺，是传统经济模式下最合理的选择。今天，经济状况的改善为许多家庭提供了重新设计和取代传统聚落和住房的机会。经济结构变迁对传统聚落产生冲击，越落后的地区，就越容易忽视和抛弃地方特点。因此，经济因素对聚落的发展和演变具有推动作用。

（3）战争因素：在历史上，兵祸和匪患是无法控制的因素，它们将使聚落必须具有一定的防御性。这些防御设施和构筑物随着社会的发展而停止运作，但仍是聚落发展进程的重要组成部分，直接影响着聚落的布局结构和空间形式。

3）文化因素

（1）风水：中国古代独特的风水理论对古城的建设、村庄的位置、单个民居的建造，甚至室内家具的摆放都有深远的影响。风水理论在一定程度上反映了中国传统哲学"天人合一"。它主要用于指导聚落、住宅和坟墓的选址和规划。根据现代科学的概念，后山在冬天可以阻挡寒风，前面开阔、阳光充足，夏天可以接受凉爽的微风；流水为生活和农业灌溉提供水源；周围的山丘可以形成适宜的小气候，山上的植被不仅可以保护土壤和水分、防止山洪暴发，还可以提供木材、燃料等。风水对创造良好的生活环境具有一定积极的作用。

（2）血缘宗族：中国特有的血缘思维使同一宗族共同生活，这又称为聚落发展的文化和心理基础。虽然宗族在聚落的组织结构中不再起决定性作用，但"家族"模式中出现的民居建筑群仍然对聚落的空间形态产生一定的影响。血缘和宗族关系有利于聚落的形成和扩大，增强了聚落内的凝聚力。比较典型的案例如江州义门陈氏，在北宋初年时已经达到十三世同居的规模。洪州奉新县的胡氏，也是"累世聚居，至数百口"。尽管人口不断增加，但大家庭被分成几个小家庭，住房布局模式也是呈现相互依傍、聚族而居的格局。

（3）宗教信仰：与血缘宗族型的聚落相似，宗教信仰的聚落为拥有共同宗教信仰的人在空间上的聚集。宗教信仰在聚落文化中根深蒂固，具有绝对的社会精神地位。聚落不仅以宗教空间为精神指引，而且各种宗教节日和活动加强了聚落的地理和物质空间的中心地位。藏族佛教的文化意识具有很强的稳定性和继承性，以宗教为核心空间的聚落形式形成了聚居文化的特有属性。[26]

2.2 村镇聚落的类型及特征要素

本节将从村镇聚落的分类、聚落的层级系统、聚落的构成要素来介绍村镇聚落的类型及特征要素。

2.2.1 村镇聚落分类

1）从功能上划分

（1）农耕聚落

传统村镇聚落的基本形式之一是农耕聚落，分布最广，是农民生产、生活、聚居、繁育的地方。中国古代的大多数人生活在农耕聚落，习惯了聚居生活，他们的规模从几户到几百甚至上千户不等，是中国传统村镇传统建筑的基石。与繁华的集镇聚落相比，农耕聚落更加平和、安静，在长期的历史发展中，农村聚落的变化也比商业或城市聚落要缓慢。农耕聚落依据所处地形的不同，又可分为平原型农耕聚落和山地型农耕聚落。

平原型农耕聚落：古代平原型农耕聚落分布在经济相对发达、交通便利的地区。在古代，在交通相对发达的地区，由于容易受到外部环境的影响，传统聚落保存较少（图2-4）。

山地型农耕聚落：一些聚落位于交通不便的相对偏僻的山区，这些聚落相对封闭和稳定，很容易维持村庄的形式和秩序，不易受外部因素的影响（图2-5）。

山地型农耕聚落根据其形成的原因又分为两类：一类是建在山谷中，具有很强的隐蔽性，一般会选择在山谷中平缓又带有水源的地方，但是土地耕作远不如平原

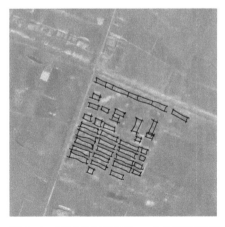

图2-4 平原型农耕聚落——江苏宿迁陇集　　图2-5 山地型农耕聚落——浙江松阳县平田村

地区容易利用，大多在地势相对平缓的地方选择性种植；另一类是建在山坡上的聚落，选址在靠山缓坡或者小台地上，这样的村落交通非常不便利，农业用地呈现梯田状。由于交通不便，这些山地聚落的形态和内部居住建筑通常得以完整保存。但也因为交通不便，许多传统村落缺乏资金来维护自己的房屋，而且整个村落往往破旧不堪。在这种情况下，很容易在交通枢纽附近形成移民居住的新型村庄。

（2）集镇聚落

中国的集镇起源于奴隶社会，商品交换在奴隶社会开始发展。《周易·系辞》已有"列廛于国，日中为市，致天下之民，聚天下之货，交易而退，各得其所"的记载。在中国历史上，集镇的形成和发展大多与集市有关。宋代以后，集市普遍发展，集镇也增多。首先，农村集市往往依靠有利于物资流通的地方进行定期商品交换，然后逐步在这些地方建立定期的商业服务设施，并逐渐发展成为固定集镇。集镇形成后，大多保留了传统的定期集市，这仍然是集镇发展的重要因素。

（3）军防聚落

军防聚落即军事防御聚落，是我国重要的聚落类型之一。与普通聚落相比，人工设防聚落具有明显而强烈的防御目的，有明确的物理防御设施和建筑外部性能，其安全防御技能与其他类型聚落相比有所增强（图2-6、图2-7）。传统的军事防御聚落可分为群落型和单体型的外部周边线性防御。群落型为传统的堡寨聚落，单体型聚落则分布广泛，如江西围屋、福建土楼、广东围龙屋等。它们从建筑单体表现出强大的防御能力，并在单体聚集的基础上加强聚落的防御能力。

（4）船民聚落

船民聚落是中国历史上较为独特的一类聚落群体，由依赖水上作业谋生的居民组成，主要分布于东南沿海和淮河流域。船民们长期以来以船舶为家，以水路运

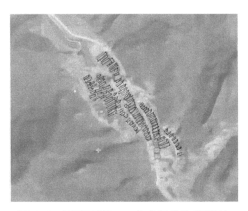

图2-6　军防聚落——北京门头沟柏峪村

图2-7　军防聚落——湖北上津镇

输为基本生活职能。从宋代商品经济的发达和内河贸易的密集，到明清资本主义的萌芽，航运贸易的发展达到了高潮。从事河运贸易的船民形成的村镇聚落可分为两类：水上船民聚落和两栖船民聚落。水上船民聚落是船民聚落的主要形式。许多船民住在船上，他们中的一些人甚至一生都生活在船上。他们在船上吃饭、睡觉、结婚、生子，很少下船。这些船民居住的船只聚集在固定的地方，通过缆绳相互连接，可以形成一个大型的船民聚居地。船舱外的空间构成了船民定居点的"街道"。这种船民聚落具有一定的流动性特征。此外，一些船民除了在船上生活外，在岸上也有自己的家。他们中的一些人甚至在船上运输之外还从事农业。这种形式的聚落称为两栖船民聚落。

2）从形态上划分

（1）带状式

带状聚落的排列方式强调的是线性，注重并列排布。该聚落的布局受外界因素影响较大，没有明显的方位关系，强调水平结构。带状聚落主要分布在平坦的河谷和开阔地带，根据地形、水流或道路走向依次连接多户。建筑总体布局呈线性，单体建筑形式多样，而不是机械复制。道路一般位于水流附近或村庄内，大多与水流平行，村庄周边和水流两旁一般为农田（图2-8）。

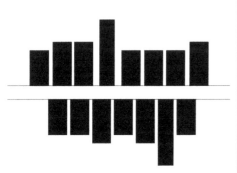

图2-8　带状聚落分布示意图

（2）组团式

在一个区域内有多个组，每个组团都以分组和聚合的形式出现。多位于平原区或山脚下，与山体轮廓平行，顺应地形、前低后高、成排布置、便于排水。村里的道路比较规则，前后排居民之间通过小路相连。单栋民居没有明显的定位，整体布局强调中心感和聚集感。与血缘有关的聚落大多设置祠堂，祠堂位

图 2-9　组团式聚落分布示意图

于村庄的中心。分支祠堂则围绕宗祠延展出各个支系的居住区域，形成两级多中心组团布局。这种聚落通常没有外部围墙，但通过特别的布局形成了自己的体系（图 2-9）。

（3）围合式

围合式也就是常说的放射状布局。这种布局一般在水资源丰富的地区或群山环抱的沟壑区。同样，为了满足背后有山面前有水的格局需求，条形单体建筑自然以山体或山沟山谷为中心，向外循环扩张。其地面形状像一把太师椅。民居沿"椅背"布置。依托周边地形状况，形成三面山一面水环抱形式。由于交通需求，从中心辐射出纵向街道，以连接聚落内部和外部（图 2-10）。

（4）鱼骨式

这种类型可以看作是在水平空间中，由带状和次级带状双向组合而成的一种

图 2-10　围合式聚落分布示意图

主次分明的布局形式，强调主轴结构。它通常有一个主中心和主增长轴以及多个次中心和次增长轴。主增长轴沿自然地形曲折，基本平行于河流或等高线，而次生长轴大多垂直于河流或等高线。次级建筑群以簇和组的形式组织在鱼骨式骨架之间（图2-11）。

（5）方格网状形态

方格网状形态的聚落在规模上趋向于更大，它综合了水平结构和垂直结构的特点。单体和聚落都有明确的方向，形成了一种同时考虑水平和垂直因素的结构模式，通常也称为棋盘式布局。许多街道相互交织，形成主街、次街、车行道等多层级道路。在不受地形影响的情况下，形成网格状图案，主要分布在平地或低丘缓坡上。这种布局形式带有明显的人工痕迹，通常是通过前期规划而成（图2-12）。

图 2-11　鱼骨式聚落分布示意图

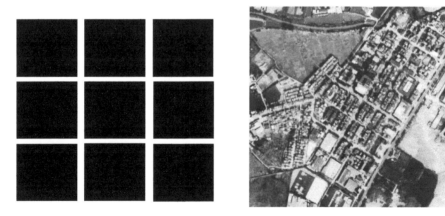

图 2-12　方格网状聚落分布示意图

　　　　　　　　　　　　　　　　　村镇传统建筑保护

（6）不规则形态

聚落生长往往受到自然地形的限制。在扩张过程中，由于周边土地利用条件不利，聚落在不同方向外力的引导下顺应其生长，呈现不规则形态，但群体关系清晰、主次分明。不规则形态聚落主要位于山区，整体形态呈现自然化趋势，体现了人居与自然的和谐边界。[27]

2.2.2　聚落的层级系统

加拿大考古学家布鲁斯·特里格提出了聚落形态研究的三个层次：单个建筑、社区布局和聚落区域形态。在国内聚落研究中，增加了一个过渡层面，如龚凯教授提出了"村落群"的概念，是作为中观村落到宏观区域研究的中间层面。张玉坤教授将住宅的内部和组成部分纳入研究范围，作为第四个层次。本书基于整体性研究，将从微观、中观和宏观三个层次来叙述村镇聚落的空间形态。

1）宏观：区域分布层面

聚落在其发展的各个阶段不仅对自然生态产生不同程度的影响，而且接受自然条件的制约。这种持续的互动使聚落形态逐渐与其地理环境相协调。聚落周围的自然环境和防御设施，包括景观、地形、农田等自然要素和沟渠、田埂等人工要素，涵盖聚落边界和规模内多变的道路系统。同时，聚落的平面布局和整体形态与地形相结合，体现了聚落在区域分布层面的形态。

2）中观：聚落空间层面

聚落内部的结构空间。根据街道空间的各种组合以及内向分布的建筑群的特点，分为线性空间、节点空间和聚集空间。线性空间包括滨水区、绿化带、街巷系统、河流等，承担游憩、步行交通和空间连接等功能。节点空间位于线性空间的交汇处，如亭台楼阁、走廊等供人们交流和休息的场所，以及一些具有特殊意义的象征性公共空间，如古井、古树等集体记忆场所。聚集空间一般是指村镇内的公共交往场所，其功能是为全村的公共活动提供场所。

3）微观：建筑单体层面

聚落空间的微观层面分为两个方面：一方面是乡村聚落生活单元的整体形式，另一方面是反映在单体建筑中的构成要素。这两个方面是统一的、同步的，任何方面的缺陷都可能导致聚落的阶段性"失忆"，甚至文化断层。通过以墙界定院落、以院组织房屋、以房屋围合内院、以平面叠加生成空间的技术路线，来诠释还原乡村生活的真实本质。以聚落单元为中心，以院落平面形式、单体建筑组合、独立生活设施来传达乡村空间生活的意义。[28]

聚落的三个层次逐步细化，每个层次都有自己的侧重点：宏观层次的空间完整性分析是对聚落整体环境的协调考虑；中观层次侧重于聚落空间结构，注重聚落内部空间的组织和逻辑体系；微观层面注重聚落建筑单元的多样性和灵活性。这种具有细部风格的建筑对聚落的内部形式有很大影响[29]。

2.2.3 聚落的构成要素

聚落形成受多种因素影响，包括文化因素、历史因素、经济因素和地理环境因素。不同的聚落具有不同的历史文化价值和风貌氛围。聚落的构成要素由物质形态的因素和非物质形态的因素组成[30]。

1）物质形态的构成要素

（1）周边自然形态

聚落选址和发展与环境相互作用。聚落周围的地形和水文直接影响聚落的外部形态，如山谷、丘陵、高原或平原反映聚落的建设模式，未来的发展趋势和演变扩展模式。在平原农耕聚落中，聚落与周边田地的关系不仅体现了聚落的外部形态，也反映了聚落内部的生产生活逻辑。聚落的特色来自周围的自然形态。例如，水乡复杂的水网赋予船民居住区的生活特征，并赋予船民生产和贸易的流动性。这就是所谓的"一方水土养一方人"。

（2）边界元素

边界是指聚落与周围自然环境之间的连接线，可以是人工边界，也可以是自然边界，构成聚落的边界要素。例如，农业聚落的边界是自然边界，分为由耕地构成的自然边界和由河流和山脉界定的自然边界。然而，对于集镇聚落或军事聚落，由于防御需要，防御结构的主体（如城墙、壕沟、马面和敌台）以及战斗掩护结构（如城垛和女墙）属于人工边界。人工和自然边界共同构成了聚落最原始的外部边界与景观。

（3）街巷格局

聚落的空间结构和内部逻辑都取决于街道格局的构建。建筑单元的布置取决于聚落地形等自然要素，也直接决定了街道结构体系的形成。例如，中国古代里坊制体系下的方格布局，形成了与明清时期北京主次干道加胡同体系完全不同的街巷体系。这种街巷系统还可以直接反映聚落中单一的建筑组织模式及其文化特征，进而影响聚落中的社会生活，运行在具有地方特色的街巷文化中。其次，街道形式以及节点形式存在差异：不同的聚落功能导致对街巷系统的不同需求。农耕聚落中的大街小巷大多连接着几条弯弯曲曲的小路，街道层次划分不清，集镇聚落的多通道网络整齐有序，呈网格状的秩序化，道路层次清晰。

（4）院落构成

自古以来合院就是中国民居的一部分。中国古代建筑以庭院的组合而闻名。单体建筑围合形成院落，通过视线中一系列大小院落的收放变化，达到一定的氛围或精神境界。街巷脉络决定了建筑的界面是否连续以及开放空间节点的位置，而庭院的外立面也可成为街巷系统的边界。庭院的软封闭界面将给街道和小巷带来舒适的感觉，可视化界面的包围使街道和小巷局部成为交流的场所。

（5）建筑风貌

单个建筑的构成和形式直接决定了整个聚落的风格，而建筑的布置则决定了聚落的整体宏观形式。平原农耕聚落的布局与山区农耕聚落完全不同。建筑功能将随着聚落类型的变化而变化，从而在各自的区域文化圈中形成不同的建筑类型和不同的建筑形式。这些建筑形式将表现在建筑的平面布局、屋顶比例或门窗造型上，并成为一种物质构成要素。然而，这种形式不是凭空产生的，而是村民集体记忆在聚落中的沉淀，是在代代相传的原型积累下随着时代的进步而变化的。

（6）节点空间

在聚落演变过程中，一些重要的节点空间已经成为集体记忆的场所，并被保留下来，逐渐成为物质元素，代表着一种文化和地方习俗。比如，存放犁、耙等农具的库房就是农耕聚落文化的代表，又比如码头、石桥等场所空间可以看作是船民聚落的文化表征，这些节点空间也可以称为符号空间，因为它们在物质和非物质元素之间起着桥梁的作用，利用村民的日常生活记忆来实现一系列的物质和意识的连接（图2-13）。

 山谷、丘陵、高原、水系等元素	 山脉、河流以及耕地田埂构成的自然边界；建筑或防御结构构成的人工边界	 街道、胡同、弯曲的聚落小路等	 庭院、天井等	 不同地域的传统民居与传统建筑元素	 广场、码头、石桥等符号空间
自然形态	边界元素	街巷格局	院落构成	建筑风貌	节点空间

图 2-13 聚落的物质形态构成要素

2）非物质形态文化构成要素

（1）语言和符号

记忆是人们为物质或物质系统的变化而保留的精神痕迹。它是传统村镇文化价值的重要组成部分，承担着记录过去和传承未来的任务。比如，对传统村镇的记忆可以决定人们保护的目的和发展的方向，这些都体现了传统村镇的价值观。一些学者描述说，记忆文化最常见的方式是语言和符号，作为人们交流思想的媒介，它必然会对政治、经济、社会、科技乃至文化本身产生影响。重视传统村镇的形态保护，必然要注重形态符号的解读。建筑具有明显的符号性，符号是传递信息的中介。传统村镇的形态特征是传统文化的重要标志，是人们可以感知的物质存在。它具有复杂性、生成性、关联性、历史性、地域性和一定的社会意义等特征。在传统村镇的发展活动中，语言和符号都起着制约和传承的作用。它们也是传统村镇文化的"存在"和"有机"手段。传统村镇的保护一直集中在对这些象征记忆的传承上。当代建筑也在不断地从哲学符号的记忆中挖掘信息，创造新的建筑艺术。

（2）生产生活习俗

任何一种民俗都是在民间产生的，在当地人中间代代相传，最后逐渐演变成一种自觉的、有约束力的社会文化。民俗就是这样一种源于民、传承于民的基本力量，它深深地隐藏在人们的行为、语言和心理之中。这些习俗的延续可以与传统建筑的布局和装饰联系起来。它们是传统村镇的形态特征，蕴含着更多的文化内涵。

（3）技术工艺

在传统社会中，技术和工艺是生活的一部分，传承下来的建筑技术和手工艺是文化的外在表现。近代日本著名工匠柳宗悦认为，工艺文化可能是一种失落的正统文化。例如，夯土是具有区域特征的施工工艺。从技术上，我们可以发现地域因素和居住建筑模式的关联，这是一种地域文化的体现。

2.3 村镇传统建筑的类型与现状剖析

2.3.1 村镇传统建筑分类

因为幅员辽阔、历史悠久，我国不同的地区和民族形成了各自不同的建筑艺术风格。然而，传统建筑在群体布局、空间结构、建筑材料和装饰艺术方面也具有共同的特点，闻名于世。特别是传统的乡村建筑类型多样且美观，从外观到内饰、从表象到内涵、从单体到聚落，都是中国古代村落建筑文化的重要组成部分，博大精深。

从功能来区分，村镇传统建筑以传统民居为主，辅之以一些公共建筑，如祠堂、牌坊、戏楼、鼓楼、书院、亭、阁等。传统建筑的分类则可以从结构体系、空间活动模式和生活特征、建筑功能等方面进行分析。

由于研究的局限性，到目前为止，对村镇传统民居的分类，有按行政区域划分的，有按民族属性划分的，有按单体建筑结构形式划分的，存在着不同的意见。如果单从行政区域、区域经济文化、民族学、民俗学、建筑学或村庄规划的角度来看，这些分类方法可能是合理的。然而，它们往往简化传统村镇民居的类型，只能反映传统民居和聚落多样化特征的某一个方面。[1]

1）按结构形式分类

从村镇传统建筑的结构分类入手，不同民族和民系使用的建筑结构系统与历史价值观、传统以及他们选择的材料密切相关。中国建筑的结构体系大多数是木梁和木柱框架，从类型的角度来看，村镇传统建筑木质梁柱承重架主要由提升梁类型决定，可分为抬梁式、穿斗式、插梁式以及抬梁与穿斗混合式等类型。

（1）抬梁式

抬梁式，也称为叠梁式，是指在屋顶上放置柱子、梁上支梁、梁上放短柱，其上置梁，在山脊上放置瓜柱，并用山脊摩擦。优点是房间里几乎没有或没有柱子，拥有更大的空间。缺点是柱子和梁的横截面很大，结构复杂，所采用的木料大，因此，它通常用于大型传统村镇建筑的大厅和其他较大跨度区域。

（2）穿斗式

亦称为立贴式，直接由落地柱和短柱支撑，柱距较密，柱子之间没有梁，但有一定数量的穿枋和斗枋连接，并由挑枋支撑屋檐。该结构的优点是结构简单、材料少、成本低、山墙面防风性好，缺点是室内柱子密集、开放空间不足。因此，它有时与抬梁式构架一起使用（抬梁式用于中间跨度，而穿斗式用于山墙承重）。穿斗式常用于南方潮湿和多雨地区，如长江中游的长湖平原和数量较少的传统村镇建筑。

（3）插梁式

所谓插梁式，是指组成屋面的每一檩条下皆有一柱（前后屋檐柱和中柱或瓜柱）。每根瓜柱骑在（或压在）梁上，束尖插入相邻的瓜柱。两根最外的瓜柱骑在最下端的大梁上，大梁的两端插入前后檐柱柱身。这种结构使室内没有柱子，具有开放和灵活的空间。

（4）抬梁与穿斗混合式

抬梁式和穿斗式混合使用，称为抬梁与穿斗混合式。如前文所述，这种形式结合了抬梁式和穿斗式的优点，既加大了室内空间的使用面积，又节省了大木料的使用。为使空间更加开敞庄重，明间采用大梁联系前后柱，省去中柱，大梁上再置小梁，之间以瓜柱相连，符合抬梁式的特征；大梁并不是顶在柱头上，而是插入柱身卯口，形成横向榫卯关系，具有穿斗式的特征，且次间或边跨以及山墙则直接采用穿斗式木构架，主要用于前店后宅式建筑。[31]

2）按空间活动模式和生活特征分类

（1）院落式民居

院落式民居的形制通常为前厅和后厅，中轴对称。其外观由青砖灰瓦构成，内部简约典雅，可以满足不同规模和家庭的使用需求，灵活性较大，也可以建造两三层楼。

南方的院落式民居大多是"三合院"，院子不大，但房屋围绕庭院拼接在一起。围绕院子内部通常设置走廊，夏季可以享受凉爽的自然风，冬天可以享受充足的阳光并避免西北冷风的入侵。主厅的大厅"一明"通常以开放式大厅的形式出现。有时在大厅前加花罩，或做一个福扇门，在夏天打开，在冬天关闭，非常适合长江中下游地区夏热冬冷的气候特征。

北方的院子以北京四合院作为经典形制代表。四合院通常坐北朝南，门向东南角打开，名为"坎宅巽门"，寓意吉祥，也有保持私密性和拓展空间的作用。进入大门，转入外院，南面是一排倒座房，供普通来客和下人居住。通过华丽的垂花门可以从外院进入开敞的内部庭院。正房位于内部庭院北面正中的位置，正房中间称堂屋，供奉"天地君帝师"的牌位，举行家族活动，或迎接贵宾来客。堂的左右两侧房屋朝堂屋开门，供长辈们居住。院子两侧的厢房是年轻后辈的房间。每个房间都通过"抄手游廊"连接在一起，人不必在露天行走，甚至可以坐在走廊里，欣赏院子里的鲜花和树木。正式的四合院，一户一宅，一宅可以有一个或几个院落。合院以中轴线贯穿，房屋围绕院落四周建设，等级明晰，尊卑有序（图2-14）。

（2）天井式民居

我国南方大片地区气候夏季炎热、冬季凉爽或寒冷、雨季较长，所以民居深度比较大，周围的屋檐相互搭接，连成一起，小院落与上方的高屋檐相对比，就像井口一样，因此称为"天井"。天井平面尺寸相对较小，最小的天井甚至不足1平方米，可以产生凉爽的对流风，使室内小气候得到改善。此外，这类民居有很深的挑檐，便于遮阳和排水。下雨时，雨水通过院子的屋顶从四面斜坡流入天井

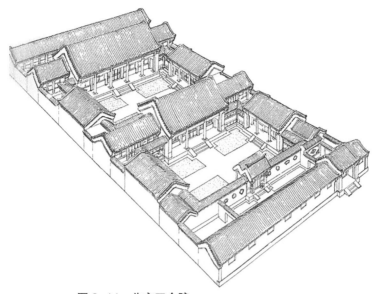

图 2-14　北京四合院

上的檐沟，并通过天井的下水道和地下下水道排到屋外。由于天井式房屋的室外和半室外空间较大，不受雨季的影响，有利于各种生活和生产活动，在南部各地广泛分布。

（3）吊脚楼式民居

土家、苗、侗等少数民族，自古以来聚居在山谷中，为避免受到地质灾害的影响，他们不得不选择在较高的坡地上建设房屋，正所谓"散居溪谷，所居必择高居"。其中，最引人注目的就是依山靠河就势而建的吊脚楼。吊脚楼属于干栏式建筑，因建筑下部并非全部悬空，故也被称为"半干栏式建筑"。一般沿天际线水平排列成楼上和楼下，以两层或三层楼为主。楼下是厢房或仓库，作为用于存放种子和杂物的木柴室或磨坊。楼上住人，设有外走廊、主厅、卧室和"绣花楼"或"姑娘楼"。吊脚楼是我国西南地区少数民族的古老建筑，它临水而立、依山而筑，融于青山绿水，与大自然浑然一体。虽然各族吊脚楼有着各自的特点，但总体上来说，吊脚楼小巧精致、古朴清秀，适应山区潮湿多雨而且炎热的气候，也能防护毒虫猛兽的侵扰，是人类顺应自然的典范成果，具有极高的科学与艺术价值。

（4）堡寨式民居

堡寨又称寨堡或围寨。堡寨式住宅是一种独特的民居，不仅满足了村镇居民的生产生活需求，而且具有强大的防御功能。堡寨式房屋主要分布在南方各地山区，形状因地理环境而异，如湘西的苗寨、侗寨和土家寨以及赣南的客家土楼（也

图 2-15　客家土楼

被称为"围屋"）。各地的堡寨式民居在很多方面具有相似性，例如，大多数是少数民族聚落；聚落地点主要位于山顶或山坡上；设置寨门、寨墙和角楼等防护结构等等（图 2-15）。

（5）窑洞民居

窑洞式住宅是陕西北部乃至黄土高原的典型民居形式。黄土高原气候干燥，均匀的土壤质地具有良好的同质性和垂直性，土壤较松散，便于挖掘，因此当地人充分利用当地条件，创造性地挖洞以供居住，不仅节省了建筑材料，而且冬暖夏凉。

窑洞是一种特殊的"建筑"，在中国西北部的黄土高原地区受到普遍欢迎。它不是由"加法"引起的，而是以"减法"为主的，即通过"减法"去掉一些自然的东西，形成可以使用的空间。黄土高原的土层深达 100～200m，其高直立性是发展窑洞的良好基础。中国西北自然条件较差，如干旱少雨、冬季寒冷和森林植被覆盖率低。窑洞为抵御恶劣环境提供了适宜的解决方案，经济实惠，且无需耗费木材。[32]

窑洞有三种类型：靠山窑、地坑窑和砖窑。靠山窑是一个土洞，沿着悬崖垂直挖掘，窑顶是半圆柱形或矩形的筒拱，并列各窑可以通过窑间之间的隧道连接。还可以在窑洞顶部添加一个窑，并可以在上下窑之间挖掘以进一步连接（图 2-16）。

靠山窑　　　　　　　　　地坑窑　　　　　　　　　砖窑

图 2-16　窑洞的三种类型

　　地窑是在平地上挖一个方形或矩形的地坑，以建立地坑院，然后在每个墙壁上水平地挖出窑洞，主要用于没有天然崖壁的地区。人们在平地上时通常只能看到地坑院子里的树梢，而看不到房屋。

　　砖窑不是真正的窑洞，是一个洞穴风格的房子，用砖或土坯模仿窑洞的形状在平坦的地面上建造。窑洞可以是单层的，也可以作为多层建筑物建造。如果上层是窑洞，则称为"窑上窑"。如果楼上是木结构，它被称为"窑上房"。

　　（6）特色民族民居

　　中国是一个众多民族互相融合的国家，各民族在漫长的历史长河中，受到自然条件、资源环境和民俗文化影响，逐渐形成了各具特色的带有强烈民族色彩的民居。下面以藏族碉房和内蒙古民居为例加以说明。

　　藏族碉房，这是青藏高原和内蒙古部分地区的一种典型民居建筑形式。采用泥土和石块砌成，形如碉堡，因此被人称为碉房，一般有 2 到 3 层。一楼饲养牲畜，人们则住在楼上。

　　藏族房屋的墙壁在底部厚、顶部薄、底部大、顶部小，建筑平面相对简单。因为青藏高原地势高、起伏大，建筑物占用的空间太大，会使施工更加困难。如西藏那曲民居的平面形状是方形的，部分墙体稍有弯曲，中间设置一个小天井。其内部微妙细腻，而外表则风格雄健。高原的阳光格外强烈耀眼，因此藏族民居多采用朴素协调的材料本色作为建筑外部色彩：泥土的土黄色、石块的青色、涂刷的白色或暗红色等等。藏族民居在处理房屋的外观方面非常成功，厚厚的石墙，墙面上有成排的上大下小的梯形窗洞，窗洞上带有色彩鲜艳的出檐。在高原蓝天白云、雪山冰川的映衬下，显得粗犷厚重、色彩丰富而严整（图 2-17）。

　　蒙古包是内蒙古常见的帐篷式住宅，建造和搬迁方便，非常适于草原牧民的牧业生产和游牧生活。蒙古牧民住在水边和草地上，每年有 4 次主要迁徙，即所谓"春洼、夏岗、秋平、冬阳"，因此，蒙古包是草原上流动放牧的产物。普通的蒙古包，高约十尺至十五尺之间。包的周围用柳条交叉编成五尺高、七尺长的菱形网眼的

藏族碉楼

藏族碉房

蒙古包

图 2-17 民族民居

内壁，蒙古语称之为"哈那"。蒙古包的大小，主要由主人的经济状况和地位决定。普通小包只有四扇"哈那"，而大包则可达十二扇"哈那"。蒙古包看起来外形较小，但内部空间却很大，且空气流通、采光好、冬暖夏凉，非常适合牧民居住和使用。[32]

3）传统村镇公共建筑分类

"辞海"认为，公共建筑是指"办公楼、图书馆、学校、医院、剧院、健身房、展厅、酒店、商店、车站等从事社会活动的非生产性建筑"。然而，根据对传统村镇建筑的研究，这种建筑尚未引起足够的注意[33]。"村镇公共建筑"在本书讨论的建筑类型中，将非生产性的、除村镇居住、园林和宗教建筑以外的其他建筑如书院、文笔塔、戏台、牌坊、商铺、作坊、茶馆和会馆等都包括在内。

（1）传统村镇宗祠建筑

"祠堂"一词最早出现在汉代，是传统宗祠建筑的统称，分为宗祠、支祠和家祠。建造祠堂有一定等级的限制，普通的老百姓不允许建造祠堂。到了明朝嘉靖年间，只有曾经是皇帝或封侯过的姓氏才能被称为"家庙"，其余的叫宗祠。祠堂是族长行使家族权力的地方，也可以用作家族聚会，一些祠堂还设有寄宿学校。如龙川胡氏家族祠堂位于徽州绩溪县瀛洲乡大坑口村，始建于宋代。祠堂坐北朝南，由九个主要部分组成，包括影壁、平台、门楼、庭院、廊庑、尚堂、厢房、寝室、特祭祠。宗祠采用中轴线东西对称图案的建筑布局，建筑单体为砖木结构，有三进七开间，建筑面积达 1564m²。绩溪县曹家井 39 号的周氏宗祠，建于明代嘉靖年间。周氏宗祠由七大部分组成：影壁、门楼、庭院、廊庑、走廊、正厅、寝室，总建筑面积为 1156m²。门楼为重檐歇山式屋顶，面阔七间，进深两间。安徽省黄山市徽州区呈坎镇呈坎村的罗东舒祠，占地面积 3300 多平方米。阁楼为二进歇山顶，祠堂前沿着溪流又照壁面宽 29m，形状为"八"字形。寝殿内有三个并列的三开间，加上两尽间，共十一开间，寝殿里的梁头、驼峰、脊柱平盘斗等木质材料，由云纹和花纹组成，雕刻精美，色彩鲜艳。从上面的例子中，我们可以看到祠堂的特点：占地规模大，建筑面积大，由许多类型的建筑单体组成，屋顶形制较高，采用斗栱、雀替等高形制构件，组成一个复杂而精美的宗祠建筑群。[34]

南方原始村庄大多数是血缘村落。一个村庄有一个姓氏和一个氏族。在这样的村庄或城镇中，家族组织是一种变相的基层政治权力。而宗祠就成为传统村落或城镇中级别最高的公共建筑，与现代行政办公相似，象征着宗族，在封建社会中起着整合和维持人与人关系的作用。

因为祠堂还供奉祖先之神，必须按时祭祀，以慎终追远，对氏族或家族成员具有神圣的意义。因此，祠堂常被用作宗族的聚会厅、会议厅、礼堂和法庭。祠堂内保存着对宗族有重要意义的物品，如诏书、诰命、祭祀用具、祖传塑像和家谱等。牌坊、贞节坊、御书楼等纪念性或代表性建筑物，大多数可以在祠堂附近建造，形成传统村镇的祭祀中心。传统村镇的大部分公共戏院也都附属于宗祠（祠堂），因此，祠堂也成为传统村镇的娱乐中心和社交场所（接待来宾）。以永州市新田县三井镇谈文溪村文溪家庙为例：文溪家庙位于文溪村东南，由清道光十八年（1838年）族人主持重建，共有三进，分为前台、天井、厢房、后殿等部分。戏台为开放空间，从各个角度均可观看台上演出。与戏台紧接的是由石材平铺的天井，通过石沟分割，雨水从暗沟排往屋外。最后的大殿分为前厅与后殿，前厅做会客、议事、公共事务之用，面积较大；后殿为神殿，是神明所在之地，供奉有天地祖先神位及各类菩萨众神，是整个宗族祭祀之处。家庙设于村落重要位置，主要用以供奉、祭祀祖先，是家族的象征和家族活动中心（图2-18）。

图 2-18　谈文溪村文溪家庙

（2）传统村镇文教建筑

传统村镇文化教育建筑由书院、私塾、私立学校和祈福文化建筑组成。其中，书院的选址最为考究。它们大多选择在风景秀丽、宁静的乡镇以外的地方，以方便学者潜心研究。此外，私立学校和私塾的环境也非常优美。祈福文化建筑包括文昌阁、文峰塔、金石牌坊等。其中，文昌阁为文昌帝君而建，掌管士人文运功名。与书院一样，文昌阁的修建是氏族大事，也是村绅关心的正义之举。除了祭祀文昌皇帝，文昌阁还可为孩子们提供识字服务，扮演一个书院或私立学校的角色。

大多数传统村镇的文峰塔位于东南，即巽旁的"荀"和"舜"。由于传统村镇偏重西北高东南低，即"山起西北，水退东南"。因此，东南方向大多较低或有缺口，导致"位置不足"，必须辅以文峰塔，以利于科举的繁荣。

它们经常排成一行一列，这给他们的孩子留下了深刻的印象，鼓励他们努力学习，并在相关考试领域获胜。

（3）传统村镇商业建筑

传统村镇的商店和作坊主要为村民提供生产生活服务，如铁匠铺（制作和销售各种铁农具）、竹柳陶瓷店（操作绳、筐、肩杆、棕麻制品、餐具等）；中药店（出售各种中草药）、杂货店（经营日用品、南北商品）、肉铺、豆腐铺等；大集镇也有各种分工更细的专业商店。

传统村镇中的商店和作坊都是小而简单的建筑，包括三种主要的类型。一种是排门式，即沿街有六、八扇可拆卸木门，白天全部卸下。房子里有柜台，可以出售货物。货物或人工操作完全暴露在外，无任何遮蔽与伪装。另一种是石库门式，即封闭式的住宅形式。周围的砖墙高耸，只留下一扇大门供顾客进入庭院或天井，并在主房间完成购物活动。此形式适用于当铺、珠宝、票号、药房、轿车店等行业。因为当铺和珠宝店有贵重物品需要保护，而票号有更多现金，需要防盗。同时，客户也很少，其中大部分是内部交易或委托交易，不需要销售柜台。如药房出售药物并行医，门诊场所需要保持安静。因此，这些商店一般采用石库门风格。第三个是檐廊或廊棚。在长江中下游地区，大部分时间气候温和，因此，许多传统村镇商业街的铺砌房屋前都有宽檐廊或廊棚，采用挑檐或立柱支撑，宽度为 4 ～ 6m；内设摊位，既可遮阳防雨，又不妨碍行人行走。这种沿河两旁设檐廊，形成一条商业街的形式，是长江中下游传统集镇的特色，如江西省樟树市临江古镇沿河边建有许多廊道和棚子，形成了传统商业街。

传统村镇的大部分商店和商店都是单开间、两开间或三开间的家庭商店，它们经常与住房混合，也被称为"街道房屋"。具体形式包括前店后屋式或下店上屋式两层建筑。当然，也有更大面积或更多开间的商业建筑，如茶馆建筑以更大面积容纳更多的顾客。还有相当多的村庄没有商业建筑，村民的日常生活依靠临时市场交易，俗称"赶场"。赶场的集市可以设在广场上，也可以设在宽阔道路的两侧。集市定在固定的日期，每个村庄轮流举行。

村镇会馆是一类特殊的商业建筑，与封建社会的"行帮"有关。他们由同行或相关行业组成，有些由同一地区的商人组成。通常被用来交流业务、接待客人、洽谈业务、照顾村民、举行商业礼仪和节日活动。以湖北省孝昌县小河镇为例，小河镇商贸繁荣，吸引了众多外商。鄯善州是在小河开展业务的主要城镇。鄯善帮就在小河北街买下了明代户部大臣傅树勋的官邸，作为鄯善会馆。[1]

2.3.2 村镇传统建筑价值内涵

1）传统大木作技艺成熟

我国传统建筑大多以砖木为主要材料，木框架为主要承重体系。因此，传统建筑的施工水平取决于大型木制品技术的高低。中国传统的木工工艺经历了数千年的建设和传承，在材料规格的选择、力的平衡传递方法、尺寸模数的确定、部件的生产和加工以及节点的细部处理方面形成了成熟的法式与独特的风格。其中，屋顶部分是中国传统建筑的突出表现，"斗栱""飞檐"和"榫卯"是中国传统建筑木制品技术的三大要素。历代工匠在这方面积累了丰富的经验，并通过"以身作则"流传至今。传统的木制建筑体现了中国劳动人民的智慧和高超的建筑技艺（图2-19）。[35]

中国木结构房屋萌芽于新石器时代晚期。公元前5000年的浙江省余姚市河姆渡文化遗址反映了当时木材建筑的技术水平。陕西西安的半坡遗址和公元前5000年临潼江寨的仰韶文化遗址展示了当时的村庄布局和建筑，表明中国

斗栱　　　　　　　　　　榫卯　　　　　　　　　　飞檐

图2-19　传统木作节点

建筑布局模式已经萌芽，即按照南北轴线以庭院来组合房屋。在随后数千年的实践与传承中，人木作技艺被不断优化完善，逐渐形成了定型化、标准化的制作方式，以及与此相适应的设计与施工方法，成为我国传统建筑营造的核心技艺。

2）宗族观念色彩浓厚

在中国传统文化中，家庭的概念相当深刻。因此，宗族观念深深影响着民居的建筑思想。民居建筑格局主次分明、讲究正偏、内外的空间层次，即"尊卑有序"的伦理道德。按照功能可以将民居内部空间划分为庭、院、堂、廊和厢房等，这些空间有较为严格的界定划分。堂、庭、院、廊是公共活动空间，厢房则是私人空间，呈现清晰的有合有分的内外秩序。[36]

祭祖、规范家庭制度、团结家庭氛围就是这种家庭观念的体现。宗祠为这些家庭活动提供了场所，反映了家庭的名望和力量。牌坊作为祠堂的附属建筑，展示了家族祖先的高尚美德和伟大成就，具有纪念祖先的功能。宗祠和牌坊等具有代表性和纪念性的家族公共建筑，进一步强化了村镇传统建筑的宗族观念。民居建筑的宗族观念还体现在建筑装饰上。无论是木雕、砖雕、石雕，还是彩画、陈设，无不体现宗族伦理道德观念的说教和对美好生活的向往。如古徽州民居建筑的门楣上一般都刻着"暗八仙"，象征着出入平安和家族的荣华富贵；孝悌观念是中国古代伦理道德的核心，因此古徽州民居上以"孝道"为题材的装饰也很常见。总而言之，传统民居建筑思想的形成与中国古代绵延数千年的宗族观念密不可分。正因为宗族观念与思想的指引，才缔造了我国传统村镇辉煌灿烂的建筑文化。[37]

3）讲究对称与均衡

丰富多彩的民居建筑，包含了深度而庞大的中国传统文化及其形式语言，其中最具有代表性也最重要的一种形式，就是对称。在儒道释并存交互的传统氛围中，中国文化讲究中庸和谐，体现在古代建筑布局上就是平面的对称均衡布置。许多北方古城遵循严格的中轴线，城内街道如棋盘格子状，沿中轴线左右对称展开。这一种格局思想影响了我国古代建筑各类建筑的布局，包括宫殿、王府、衙署、庙宇、祠堂、会馆、书院等。很多考究的传统民居也采用了对称布局的方式。从美学的角度来看，对称往往与均衡联系在一起，对称是天然的均衡格局，让人产生健康和平静的均衡感。南方很多村镇传统民居，受地形变化、功能使用和文化习俗的影响，并不是完全对称的。这些民居追求的是均衡的构图原则，如地球上的一切物质形态一样，保持稳定和平衡的状态。这也是传统民居顺应自然的一种体现。

4）主张天人合一的理念

所谓天人合一，实际上就是人与自然的和谐统一，天人合一中的"天"指的是外部自然环境。因此，中国古代追求天人合一实质就是努力实现人与自然的和谐共处。天人合一是中国古代哲学的最高理想，古代建筑文化的观念也受到"天人合一"理想的影响，主张顺应自然。这一理念被注入到传统建筑设计与实施中，奠定了注重与自然和谐共处的建筑哲学基础。纵观中国有代表性的民居类型，不难发现，无论是老北京的四合院、广西的栏杆竹楼、客家的围屋，或是黄土高坡上的窑洞，都有一个共同的特点，那就是"依山环水"，与自然环境和谐共生。这就是天人合一的居住理念的集中体现。[38]

5）体现民族文化特征

由于民族历史传统、生活习俗、人文条件、审美观念的不同，以及自然条件和地理环境的差异，民居的平面布局、构造方法、造型和细部特征也各不相同，表现出朴素的本性和自身的特点。特别是在民居中，各族人民往往通过写实或象征的手段，在民居的装饰、图案、色彩、风格等方面反映自己的愿望、信仰、审美观念和最希望、最喜爱的东西。如鹤、鹿、蝙蝠、喜鹊、李子、竹子、百合、灵芝、汉族万字纹、回纹、云南白族荷花、傣族大象、孔雀、槟榔等，各地区各民族民居呈现出丰富多彩的民族特色。民居特征主要是指民居在历史实践中反映了民族地区最本质、最具代表性的事物，特别是与各族人民的生活生产方式、风俗习惯和审美观念密切相关的特征。民居建筑没有像官方建筑那样都有一套程式化的规则、法式和做法，它可以根据当地的自然条件、自己的经济水平和建筑材料特点，因地就材来建造房子。也可以自由发挥劳动人民的最大智慧，按照自己的需要和建筑的内在规律来进行建造。因此，民居建筑可以充分反映出，功能是实际的、合理的，设计是灵活的，材料构造是经济的，外观形式是朴实的等建筑中最具有本质的东西。特别是广大的民居建造者和使用者是同一的，即自己设计、自己建造、自己使用，因而民居的实践更富有人民性、经济性和现实性，也最能反映本民族的特征和本地的地方特色。[39]

2.4　村镇聚落演变与传统建筑保护的关系

聚落主要是由建筑、耕地和道路组成的整体物质空间。聚落的空间格局是这些元素在空间中的相对位置关系的总称。聚落的演变与村镇传统建筑的保护相互促进。

作为生产生活的栖息地和农村人地关系的表达核心，村镇聚落是我国古代人口的主要聚落形式。村镇聚落的产生和发展是不断满足农民生产、居住、通信等活动需要的结果。作为动态的人地关系系统，村镇聚落及其承载功能也在不断演变。在长期的农业社会中，非农经济不发达，农业生产是农民的主要生活来源，满足农民居住和农业生产活动的需要是村镇聚落用地的主要功能，村镇聚落结构单一，不同聚落的功能同质性较高。随着经济社会的不断发展，特别是工业化、城市化和农业现代化的快速发展，村镇聚落发生了彻底改变。村镇发展的两大核心要素—人口和土地—发生了重大变化，突出表现为人口的非农兼业工业化和土地的非农非粮化，村镇聚落功能也发生缓慢演变，并最终引发根本性变化。在这一时期，转型成为当代中国一个典型的标签和高度集中的背景。随着农村经济和土地利用的转型发展，工作、商业、通信、旅游、娱乐等多种生产生活方式逐渐显现，村镇聚落逐渐由单纯的居住单元转变为居住、生产服务等多功能复合单元。具体而言，在非农经济发达的城市边缘地区，旅游、商贸、工业生产等非农产业与农民非农就业齐头并进，村镇聚落也呈现多样化转变。其工业生产功能、商业贸易功能和游憩功能已成为村镇聚落功能的重要组成部分；在城市辐射较弱的边远地区，由于非农经济不发达，村镇聚落承载功能仍以农业生产和居住为主；此外，由于同一地区村镇聚落的区位、资源禀赋和经济社会基础的差异，村镇聚落演变也呈现出多样化和差异化的特征。在村镇聚落的演变历程中，传统村镇建筑起到了传承文化、延续特征的作用，甚至作为新经济发展模式的诱因与动力，参与到演变的进程之中，二者呈现出协同演进的关系 [40]。

1. 什么是聚落？聚落演变的规律有哪些？

2. 聚落演变受哪些因素影响？

3. 村镇聚落有哪些类型？试举例说明。

4. 聚落的物质与非物质构成要素分别包括什么？

5. 聚落形态有哪些分层研究方法？请简述其中一类分层方法。

6. 中国传统建筑包括哪些类型？

7. 传统建筑承载的价值意义是什么？

8. 传统建筑保护再生的关键性问题是什么？

9. 简述聚落演变与村镇传统建筑保护的关系。

10. 建筑环境包括哪两种类型？建筑环境对村落和民居有哪些影响？

第 3 章
——

村镇传统建筑
价值评价

3.1 国内外建筑价值评价现状

3.1.1 建筑价值评价概述

1）评价的内涵

评价，通常是指对一件事物进行判断、分析后的结论，即评估人、事、物的优劣、善恶、美丑、或合不合理，称为"评价"。建筑是否满足人的需要和愿望，是否适合人的需要，并使主体意识到这种适合，就更为重要了。因此，评价就是一定价值关系体对这一价值关系的现实结果或可能后果的反映与认知，它有几个显著的特点：评价是主观的，很大程度上是基于人们对事物的主观反映；评价同时也有主体性，它体现在客体对主体的意义和客体的价值需要中；评价更不能脱离一定的评价标准或规范来完成，应形成细化或量化的评价结果。[41]

2）评价的机制

价值评价是个研究主客体价值关系的过程，辩证唯物主义认识论认为：实践是种价值尺度，因此评价离不开作为认识活动之一的认知活动，两者不可分割。通过对评价客体属性的了解和认识，评价主体才能根据自身的需要作出价值上的判断。评价过程如图3-1，一次完整的评价过程大致可以分为四步：①评价标准的确立，提出具体的评价指标，并建立评价标准体系。实质上就是把握价值主体的需要。②获取评价信息，形成对评价客体的认识。获取的办法有两种：信息筛选和信息揭示。③按照评价标准体系的要求与价值客体进行比对与衡量。这个过程相当于将价值客体按照评价指标进行分解，并以评价指标衡量价值客体各个部分。④最后根据相关计算方法求出价值客体的综合评价值，作出价值判断得出结论。价值判断是评价主体经过一系列的评价环节而得到的关于价值客体与价值主体关系的结论，是关于价值客体对价值主体有无价值、有何价值、价值大小的判断。

这一过程反映出了评价的内部机制，说明评价的信息来源于实践中主体对客体属性的认知；评价的标准取决于主体需要；头脑的思维得到评价结论——价值判断；因此，村镇传统建筑价值评价首先要从主体需要去确立评价标准，从主体的物质和精神需要切入研究。这是评价活动的逻辑起点和前提。其次，村镇传统建筑价值评价要考虑评价主体对客体价值属性或功能性的全面认识。这是一个实践和认知过程。最常见的价值评价从村镇传统建筑客观属性的角度切入评价，借助物理测量手段，通过社会性主体的标准和社会技术规范去判断主体与客体间的价值关系。

3）评价的功能

评价被视为一个信息的重新审视，而后评价形成的认知影响到态度和行为。这一关系符合理性行为理论的观点：在理性行为模式中，个体对态度对象的信仰和评价产生态度，态度直接作用于行动意向从而影响行为。因此，评价在对各领域的管理起到不小的推动作用：①通过评价的判断功能，对评价客体进行价值判断；②依据价值客体的需要还可以反过来对将形成的客体作出价值预测；③通过评价来分析和展示价值客体的各个层面和作用；④通过评价对价值客体进行比较和价值高低排序，并为价值主体的选择提供指导。[41]

4）评价活动的组织过程

评价需要循序渐进，从提出问题、分析问题到解决问题。根据不同的评价体系会得出不同的结果，但在评价前后都有大量工作需要完成。评价工作的组织大致也可以分为四个阶段（图3-1）：前期准备—资料收集—进行评价—后期总结。前期准备：立项，确定项目的评价目标和内容；作出项目组织安排计划；组建项目小组，确定评价体系和评价方法。资料收集：实地考察，运用摄影、测绘、文献资源、问卷调查、访谈等多种田野调查手段，获取有针对性的评价对象的资料。评价开展：按照评价体系和方法的要求完成评价表格。整理结果：对评价采集到的数据进行整理，统计分析，修正误差；分析结果，形成评价结论；最后形成评估报告，将评价结果、评价工作记录和各种基础资料整理归档。

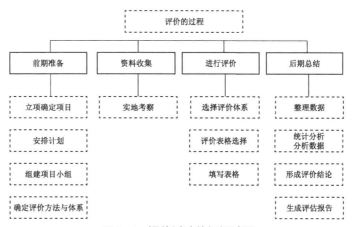

图 3-1　评价活动的组织过程

3.1.2　村镇传统建筑价值评价的基本问题

村镇的传统建筑价值如何去评价？根据评价的需求大致可以分为以下几种：服务于遗产保护的发展前景评价、服务于旅游开发的资源评价、服务于建筑修缮的复原评价以及服务保护预警的现状评价，侧重点不同，其评价主体组成、评价方法、价值结构体系、评价标准都会有所不同[42]。最重要的便是对于村镇建筑保护的价值评价，其他的评价或多或少会涉及价值评价的部分，在评价实践中价值评价也最容易遇到，因此将对评价的基础问题做进一步深入探讨。

1）评价目的与作用
（1）发掘村镇传统建筑价值特色
村镇传统建筑价值评价是做什么？是判断某一栋村镇建筑有没有价值、有哪些价值、有多大价值的问题。价值评价是村镇建筑保护与利用的主要依据，在整个保护工作中起到至关重要的作用，它是我们调查和研究工作完成以后为制订科学完整的保护规划所必不可少的工作步骤。因此，村镇传统建筑价值评价的根源就是为了寻求更为科学的保护。
（2）全面掌握村镇传统建筑价值资源状况
从区域层面，通过对各区域村镇传统建筑综合价值的评估，建立完整的村镇传统建筑"个人档案"，形成"村镇建筑等级分布图"，了解其分布情况，重视村镇传统建筑的特点和发展方向，并将其与新农村建设的发展规划相结合，对其前景进行展望。
（3）量身定制村镇建筑保护方案
从单个建筑的角度出发，对村镇传统建筑内在价值和可用性的评价结果进行分类，可以为实现更规范、更科学的分类提供前提，并为村镇传统建筑保护制定各种计划。通过对建筑外部环境因素的评价，可以了解建筑保护中必须同时面对与经济效益相关的问题，为保护村镇传统建筑而定量选择适宜的保护方案，再利用调整方法提供科学依据。通过评价指标体系的建构，使规划管理部门、规划编制部门等多方沟通成为可能，而评价体系的建构实际上也是一个各方对资源属性价值达成共识的过程。

2）评价主体与需求
评价主体是指本阶段与本区域村镇传统建筑相关的所有人员。在价值评估的实际操作过程中，有必要将评估主体具体化，即选择评估者。在对村镇建筑价值评估的研究过程中，我们发现，研究者、群众和一些领导对村镇建筑的理解有很大的反差：一方面，学者、专家对村镇建筑赞不绝口，提倡全面保护村镇原貌；另一方面，领导们下令拆除旧建筑，建造新村庄。因此，评价主体的选择应有利于价值的发掘和保护，兼顾全面评价。

（1）村镇建筑价值评价的主体构成对价值评价的影响和分析

村镇传统建筑评价离不开对主体需要及其制约因素的考察，村镇传统建筑价值评价首先要从主体需要去确立评价标准，这决定了主体需求将直接影响评价结果。面对同一类别的村镇传统建筑，不同的主体因不同的使用目的、认知力、知识水平、价值观念、对目标对象的体验和情感心理等因素而影响主体需求，使价值认知结果产生误区。

选择评价主体的优劣性

表 3-1

评价主体	不同主体需求的价值目标	误区
使用者	以个人的生存、享受和发展为重	容易造成自发性的破坏
保护专家	以遗产保护为第一要务，多学科，兼顾再利用问题	过多理论约束，使问题复杂化
房地产商	开发为主，保护为辅；从房地产角度，经济学方面进行评价	随意改造翻新，不尊重村镇传统建筑遗产的原真性
建筑设计从业人员	以村镇传统建筑遗产的建筑创作价值为核心，从创作手法、创作思想、空间组合等方面进行评价	非物质文化遗产认识不足
政府	对遗产价值的标准仍然坚持以"突出的价值"为准则，偏重于村镇传统建筑遗产的美学价值、历史价值等方面，相对于村镇传统建筑类遗产而言，并不能达到其"普通的本土社区创造物"这样的深度	求大，求新，政绩工程和精英意识
普通民众	对村镇传统建筑遗产的知名度、传统风貌、景点、交通条件、基础设施水平较为关注，更容易通过旅游指数进行评价	干扰乡土社区生活的延续，过分商业化、表演化、景点化

如表 3-1 所示，不同的评价主体有不同的价值目标和认知误区，这也反映了主体的主观差异。同时，评价不仅要考虑个人的需要，还要考虑社会发展水平和时代观念。一般来说，评价对象的使用者和普通民众更关注使用价值目标，房地产开发商十分重视物业经济价值，建筑设计从业人员通常聚焦于建筑的形式和功能，政府工作者则更注重社会影响和社会效益。[41]

（2）村镇传统建筑的价值评价的主体选取

从以上分析可以看出，开发商和政府部门对村镇传统建筑的评价主要是从物质利益的角度进行的，这往往与村镇传统建筑保护的目标背道而驰。当建筑师对村镇传统建筑进行评价时，他们主要关注的是建筑的美、形式、实用性，即"有用"

和"完整"。这种评价是片面的。用户和公众可以很容易地以"为我"的标准来评价。乡村建筑被认为是历史信息（社会、经济、文化、政治、科技等）的载体。理解价值，每个人都有自己的参照系。为了使评价结果更接近客观事实，应建立一套互动的价值参考体系和一套专业的价值参考体系。

我国早期村镇传统建筑的价值评价主体主要由城市规划委员会、城市建设委员会、文化管理专业委员会、规划设计院、专家教授组成。城市规划管理委员会的综合性和专业性较强，但其评价的普及范围有限，很难形成系统全面的评价结论。因此，对于村镇传统建筑价值评估指标体系的实施和运行需要各方的参与。村镇传统建筑价值评估主体可以推荐三类评估人员：建筑保护专业人员、相关技术人员、负责相关业务、用户资源的文物管理人员等。[41]

3）价值评价的技术手段

（1）评分型评价法

专家评分法是运用最早的也最广的评价方法，在定性和定量分析的基础上，根据评价目标和评价对象的要求，确定了评价指标。在此基础上，邀请多位专家根据自己的经验对代表性项目进行分析和评价，并根据评价标准对每个项目进行评分。最后，通过计算得到评价对象的总分，从而得到评价结果。方法简单直观。每一层都以点的形式出现，计算方法简单。

（2）层次分析评价法

层次分析法是将需要决策的复杂问题作为一个系统按总目标、各层级子目标、评价准则直至最底层的具体备投方案，将其分解为不同的层次结构，在此基础上运用定性指标模糊量化方法，计算出每一层次的各元素对上一层次某元素的优先权重，最后再加权的方法。递阶归并各备选方案对总目标的最终权重，根据权重大小列出层次单排序（权数）和总排序，越靠前的方案具有越大的影响力和重要性，权重最大即为最优方案。

（3）模糊综合评价法

在量化不足的情况下，评估只能依靠主观判断。例如，建筑外观质量评价中存在着强烈的不确定性因素，很难用准确的数量来描述人们的主观评价态度。为了解决这一问题，引入模糊数学理论，形成模糊综合评价方法，用模糊度判断概念来描述对象，解决了主观评价难的问题。当然，模糊综合评价法虽然使评价简单，但也降低了评价结果的可信度。

（4）认知类评价法

该方法是从心理认知规律指导研究设计，从环境主体心理经验的角度去评价环境，主观影响较为强烈，在环境评价中使用较多。

（5）建筑游览式评价法

在一些保存完好的古村落，有关部门经常邀请环境使用者、专家和各界学者进行实地考察将举行小组讨论和专题讨论，以广泛评估主题（特别是集体建筑）的形式"公众参与"对环境问题的评估。这些评估活动通常不需要制定专门的评估表，而是基于经验。建筑游览评估方法采用人类学的实地调查方法，使评价主体在参与和观察中了解环境。在参与观察中，研究者从用户的角度理解环境。这是一个具有最大主观性的经验模型。从实践的角度看，建筑游览评价是随机的，信息获取有限，研究深度不够。该方法更适合于进行初步研究和提出假设。它可以与其他评价方法相结合，以确保评价结果的准确性。

上述几种评价技术各有优点和不足，具体特征见表 3-2，在村镇传统建筑价值评价中需要综合地运用它们，才能取得较好的评价效果。[41]

评价体系
表 3-2

	评分型 分析法	层次分析 评价法	模糊综合 评价法	认知类 评价法	建筑游览式 评价法
机理	设定完备的环境指标集，通过评分进行评价分级和排序	利用矩阵排序原理将主观判断定量化	用模糊数学原理进行综合评价	从心理认知规律指导研究设计，从环境主体心理经验的角度去评价环境	选择有代表性使用者，进行现场评价、自由式讨论、民主式确定评价结论
运用前提	全面了解环境特征和描述量；确定指标权重	保证样本数、指标数适中	有指标的权重需确定隶属度函数	抽样；被试者有一定知识水平	有选择不同使用者的条件；业主的合作
优点	快捷、直观、结果有可比性	可比性强、可对比指标排序、计算简单	严谨、精确；可进行综合评价，定级	真实、自然、易抓住深层结构，反应性低，信度好	针对性好，较佳的设计参与机制，真实，直接，效度好
缺点	信度不稳定	无法进行相关分析，无法判断指标结构的合理性	无法进行相关分析，无法判断指标结构的合理性，计算较抽象	抽象，操作难；易受被试者认识能力影响，效度不稳定	参与者可能有顾虑或者私下交流造成可信度降低；人数受限，组织复杂
应用模式	核查表	问卷调查	问卷调查	图式模式；语言模式	现场访问式
适用范围	描述环境	综合评价比较	环境比较和定级	适用于村庄外部环境	很广泛

3.2 村镇传统建筑价值特征

中国的村镇传统建筑种类繁多。在今天的城市化浪潮中，传统建筑面临空置、损坏甚至破坏。要保护传统村镇宝贵的历史文化遗产，必须深刻认识其价值特征。本节研究了村镇传统建筑的价值特征，为研究村镇传统建筑的价值体系奠定了基础。

3.2.1 村镇传统建筑价值概述

村镇传统建筑承载着中华民族文化的精华，是农耕文明不可再生的文化遗产；村镇传统建筑凝聚着中华民族精神，是维系华夏子孙文化认同的纽带；它保留着民族文化的多样性，是繁荣发展民族文化的根基。

为了适应复杂的地理和气候条件，不同民族不同地域的建筑形成不同的特征，而村镇传统建筑凝聚了一个民族和地区的历史、生活习惯以及在情与理方面的共识，是传统文化和民族特色最直接、最真实的载体与表现形式，有利于发扬传统精神，传承历史文化。中国的地形类型丰富多样，分为盆地、平原、丘陵、山地、高原等，再加之不同的气候条件，对各个地区的传统村镇建筑产生了深刻的影响，由此形成了不同的地域特色。这些特点对价值特征的研究提供了重要的实物资料，也为建筑体系注入了新的活力和更为丰富的文化内涵。通过各异的村镇传统建筑，我们可以了解到每个地域的民族风格和文化特征。因此，我们在研究村镇传统建筑的价值特征时，我们主要依照以下六个方面展开：历史价值特征、文化价值特征、社会价值特征、美学价值特征、技术价值特征、经济价值特征。

3.2.2 历史价值特征

历史价值是传统建筑的基本价值，指见证了过去某段历史时期的重大事件、人物和发展过程等，在时间轴上有值得留下印记的重要历史信息。反映了历史上各种政治、经济、军事和人文因素的客观史料。[43]

村镇传统建筑是文明进步的载体。"建筑是石头的历史书"，我国 2000 多年的传统农业文明史，对村镇传统建筑进行了细致生动的记录。在这漫长的历史长河中，没有传统村落的全面建设，传统村落的文化遗产建设就不完整。

从宏观上看，村镇传统建筑直接反映了人们的衣食住行等生活条件，是人类历史和建筑史发展中不可缺少的基础研究。浙江省余姚市河姆渡村遗址；半坡村遗址反映了原始社会的生活状况；安阳小屯村殷墟遗址和湖北蕲春西周甘兰遗址反映了奴隶社会的生活状况；云南永宁宁蒗的摩梭民居反映了母系社会的生活状况。

从中观上看，村镇传统建筑也经历了群体聚落形式的成败。例如，客家人从中原迁往南方，福建客家土楼建筑这样以安全防卫为主建筑风格，则反映了建筑外部的社会历史环境，以及建筑内部的家族发展史。

从微观上看，村镇传统建筑记录着每个家庭的文化生活。他们的生活可以通过选址、形状、布局、建筑的形状和大小、大门的大小、窗格的装饰、院子里的花草来展现。婚丧礼仪、娱乐礼仪、理想的工作生活和传统信仰在村镇传统建筑中留下了新的印记，使人们有了新的想象。

可以看出，没有历史的传统村落和建筑是不完整的。传统村落建设的历史价值是多方面、多层次的，需要进一步的研究和探索。而历史价值指村镇传统建筑的历史沿革中所处的地位，其带有时间的唯一性决定了它的存在本身就具有历史价值。一个国家或民族的历史是极其复杂和多样的，文物的保护和建设应谨慎进行，历史的丰富性和多样性应尽可能适应，历史的综合物证应尽可能充分。

3.2.3　文化价值特征

文化价值指村镇传统建筑中蕴含的中国人民深层次的内向性格所表现出来的建筑特征，村镇传统建筑是由当地居民根据地理环境的特点，当地的民俗风情和特殊的物质条件而建造的一种村镇传统建筑。在这片土地上，我们的先人适应当地条件，顺应自然，在村镇传统建筑中深深地刻下了人与自然和谐的理念。它反映了古人几千年来对可持续发展的看法。与"千城一面"现象的过度建设模式相比，村镇传统建筑的思想内涵和手法仍具有历史意义。传统村落建设的文化价值主要包括人与自然的统一、风水与宗法伦理三个方面。

（1）"天人合一"。"天人合一"是我国儒家学者所推崇的思想。"天"是客体，是指无所不在、无所不从的大自然；"人"是主体，是与天地共生、一代一代繁衍的人，主体融入客体，形成根本的统一，从而达到"天人合一"的境界。《孟子尽心》中有："上下与天地同流"。《老子道德经》[44]说："人法地，地法天，天法道，道法自然""天然身，以天言之，所以明其自然"。《庄子·齐物论》说："天地与我并生，而万物与我为一"[45]。可以说，热爱自然、顺其自然、崇尚自然，将人与天地视为一体、不可分割是我国自古以来所遵循的法则。传统村镇建筑以适应人类的发展为需要，为居民提供一个良好的生存空间和生活环境。"天人合一"是指人、地、天虽各有其内在的机制，但它既包含了人对自然规律的遵循与适应，还包含了人对自然的改变与改造，更揭示了和谐自然、和谐与共生的道理。"天人合一"的思想，在我国传统村镇建筑空间上也处处体现。如在房屋的选址、房屋的色调、房屋的用料、房屋的布局等无不体现自然、古朴、协调与和谐共处的"天人合一"的思想。可以说，传统村镇建筑体现在形式多种多样，类型丰富多彩，功能独到齐全，折射出了"天人合一"的文化内涵。

（2）风水。风水古称堪舆之术，以考察环境的整体性为特征。是一门系统规划学说，是人们选择建筑地点时，对气候、地址、地貌、生态、景观等环境因素的综合考虑。《黄帝宅经》主张："以形式为身体，以泉水为血脉，以土地为皮肤，以草火为毛发，以舍屋为衣服，以门户为冠带，若如斯，是事严雅，乃为上吉"[46]。清代姚延銮在《阳宅集成·卷丹经·口诀》中强调整体功能性，主张"阳宅须择地形，背山面水称人心，山骨来龙昂秀发，水须围抱作环形，明堂宽大斯为福，水口收藏积万金。关煞二方无障碍，光明正大旺门庭"。[47]

（3）宗法伦理。其以血缘关系为纽带，以宗族、宗祠为平台，以宗法伦理为规范。有血缘关系的家是小家，以血缘关系为基础，以宗法社会为纽带联系起来的就是大家。家是国的缩影，国是家的扩大，家家相连，家国相通，形成了上上下下、君君臣臣、父父子子的关系。所谓"齐家治国平天下"就是由血缘关系衍生出来的宗法伦理。这种宗法伦理几千年来对我们的传统建筑影响极大。由于受到各自的区域文化影响，各个地域对宗法伦理的理解和诠释又各有不同，因此形成了各自的宗法伦理体系。[48]

3.2.4　社会价值特征

传统村镇的社会价值是指人类社会特有的文化遗产，包括传统文化、地域特色、人文内涵等。设计、施工、使用和维护不能由一个人来完成，它是人类社会创造能力、认知能力和集体认同的体现。

（1）积淀优秀传统文化，传承民族灿烂文明

长期以来的传统村镇建设，不仅具有独特的建筑风格，而且体现了中国传统文化的精髓。它已经超越了建筑物本身的价值和重要性。其独特性至今依然存在，

向世人清楚地展示了其悠久的历史积淀的文化内涵。

（2）展现特色地域文化，丰富传统村镇建筑价值的新局面

每一个村镇的传统建筑都有着深厚的历史背景。时空的不可逆性决定了传统村落的特殊性和不可移植性。在不同的时代，农村的传统建筑会有所不同。不同时期村镇传统建筑的不同风格反映了各地的社会风貌和特点，体现了中国地域文化的多样性和多样性。

（3）发掘传统村镇建筑人文内涵，提高村民生活品质

村镇的各种传统建筑对村民的生活产生了巨大的影响。例如，在北方四合院式的建筑中，家庭成了一系列，庭院被一个小庭院所覆盖。因此，"庭院"这个名字意味着一个集合。作为日常生活的一部分，村民们在每一个小庭院之间的走廊和广场上散步和交流。建筑用地的形态是由历史原因决定的，住在这里的村民通常有一个姓，他们世代相传。中心广场是祖先日常交往、聚会、祭祀的场所，决定了他们的内向生活方式。

3.2.5　美学价值特征

美是感性与理性的最高统一形式。在建筑中，它要求物质功能和精神功能的完美结合，以艺术欣赏和哲学思维创造建筑的"美"。传统村落建筑在建筑形式、技术、色彩、装饰等方面往往表现出较高的艺术价值，给人以精神享受和独特的美感。村镇传统建筑的美学价值指的是建筑本身的特征，主要包括造型艺术和细部装饰。不同地区的村镇传统建筑对建筑的处理方式不同，结合不同的基础设施和选择，形成了不同的建筑形式。

（1）造型艺术

不同形态的村镇传统建筑表现出自身独特的地域魅力，反映了不同地域的村镇传统建筑文化、生活文化、宗教文化、民俗、建筑艺术、礼仪思维、审美价值。四合院是一座具有浓郁生活气息的大房子，有各种形式的坡屋顶和山墙，从远处看，主楼的色调由青砖、灰瓦组成。封火山墙堆叠着，上下起伏，相对蜿蜒，顶部覆盖着蓝色的瓷砖线条。翼形门边，点缀着深色门窗，典雅、平衡、和谐，呈现出宁静、活泼、简约的美。这些建筑表现出不同形式的建筑艺术，因此近年来，地方民间建筑不断学习村镇传统建筑元素。显然，造型艺术的特点对现代建筑的发展和地方文化的研究具有重要的价值（图3-2、图3-3）。

（2）细部装饰艺术

湖南传统村镇建筑是土木技术的集大成者，也是民俗文化的艺术精品，体现人

图 3-2　吊脚楼

图 3-3　合院民居

图 3-4　柱头

图 3-5　斜撑

们对建筑审美的艺术追求。而细部装饰使建筑形象更加丰富和完美，将实用与艺术相结合、结构与审美相结合、重点与一般相结合。木结构在构造上多采用镂空雕刻做法，如室内的藻井，檐口柱头与斜撑等，体现了装饰艺术往往与结构逻辑、构造做法有机统一，特点明显（图 3-4、图 3-5）。

湖南传统村镇建筑的装饰不同于徽州建筑的精雕细刻、繁琐华贵，亦不同于广东民居的纷繁彩画、瑰丽荣华。它具有自身鲜明的风格特征：墙显原色、木不加彩，装饰装修服从于结构和实用功效。其细部装饰集中在柱础、屋顶、山墙、门窗等处。在结合当地的气候特点和民俗传统的基础上，充分运用我国传统的象征、寓意等手法，和当地建筑材料、雕刻与绘画的民间工艺相结合，突出体现了中国传统建筑装饰的审美观和文化内涵。[49]

3.2.6　技术价值特征

村镇传统建筑所包含的营造技术是人们在长期的社会实践中产生和积累起来的，包括村镇传统建筑的营造方法、结构选型、材料选用、适应不同气候的建筑处理手法等。这些营造技术从不同侧面反映出各个历史时期人们认识自然、改变自然的能力，同时也标志着该历史阶段技术与生产力的发展水平。村镇传统建筑的营造技术包含了基础的选择、结构的选择、材料的选择、被动式技术的应用等。①基础包括天然地基、夯土地基、灰土地基、其他掺合料加强的复合地基、桩基础和阀式基础等；②建筑部分为屋面、屋架、台基（屋面类型分为歇山顶、悬山顶、硬山顶、攒尖顶、卷棚顶等；屋架类型可分为穿斗式、抬梁式、干栏式等；台基分为普通台基和须弥座台基，在村镇传统建筑中大多使用普通台基）；③材料较多使用石材、木材、天然土等；④被动式技术的应用包括遮阳、采光、夏季通风与冬季防风、天井的利用等。

村镇传统建筑的营造技术发展是一个连续性很强的过程，任何新技术的出现都不是偶然的，而是经过长时间的摸索和实践形成的。这种实践的过程包含了人们为了探求建筑营造活动的客观真理，从而揭示其发展的客观规律而进行的无差别的人类活动。将这些实践经验加以总结，便得出了前人能够知道人们改造世界的各种新的工艺操作方法与技能。其价值不仅承载着某一时代的技术信息，而且不断影响着之后的建筑营造活动，促进并推动了我国建筑事业的前进和发展。[50]

3.2.7　经济价值特征

在市场经济环境下，村镇传统建筑除了承载的文化价值。它也可以在服务现代社会中承担经济价值发挥作用。村镇传统建筑的经济价值是从价值体系中衍生出来的实践价值，其中又包括了功能价值和社会价值。

经济价值分析：村镇传统建筑的经济价值主要基于文化价值，使村镇成为具有吸引力的潜在消费空间，因此，在市场经济的条件下促进和激励各种经济活动，可以实现经济效益。为适应当代社会物质文化生活的需要，应合理利用村镇传统建筑具有重要的经济意义，包括直接经济价值和间接经济价值。

直接经济价值是村镇传统建筑的艺术价值和物品价值。由于利用了现有建筑物等基础设施，避免了拆除和新建成本，节约了能源，从而取得了可观的经济效益。间接经济价值表现为资源价值的体现所带来的市场效应，其内在价值能够提升城市、街区的竞争力，使得周边地区土地增值，增强周边地区的经济活力。

3.3　村镇传统建筑价值评价体系

作为传统文化既定的载体之一，村镇传统建筑不仅具有见证村落变迁的历史文化价值，还具有特定工艺和工程做法的技术价值，空间造型艺术的美学价值以及延续居住功能的空间使用价值等等，而这些价值则一直延续到今天的设计和生活中。在村镇中选择有价值的传统建筑加以保护研究已经成为社会各阶层的共识。在认识村镇传统建筑价值特色和其适应性的基础上，构建传统村镇的价值评价体系不仅对传统村镇有即时价值（意义），对未来也有重要的意义。村镇传统建筑因其规模大、种类多，传统以主观经验为甄别判断的方式难免疏漏偏颇，需要更科学、更系统的评估方法来确定村镇传统建筑的拆除与保留。本章尝试构建以价值为核心的评价体系，帮助我们从一个全新的、全面的角度认识村镇传统建筑，为其后整个村镇传统建筑的保护与再利用工作提供重要参照。

3.3.1 价值评价体系概述

价值评价在一定程度上反映了人类对自身需求的认识。因此，科学合理地进行评价，首先必须认识到自己的实际需要，明确评价的目的。村镇传统建筑价值评估不仅要根据评估结果指导传统建筑的保护和发展，也要引导和鼓励评估对象向科学合理的方向发展。在分析和评价传统建筑的过程中，我们应该全面考虑其历史背景和时代发展的各个方面（做到全面系统的评价），明确评价对象就是要知道评价谁，不同的评价对象往往对应不同的评价标准。

村镇传统建筑依山傍水，注重风水，生态环境优美；大部分建筑采用纵横轴线的院落布局，主从关系清晰，阴阳有序，体现了传统的天地人合一理念；建筑技术与艺术反映了当地的环境特征、生活习俗和传统审美文化，是传统哲学观念与生态观念的有机结合[51]。通过理性和系统的评估，以决定是否保留或探索开发和保护的关键点。为了科学合理地评价其价值，在综合考虑上述价值特征和适应性研究的基础上，通过量化标准或细化规定，为传统建筑和村落的保护提供科学依据。一套完整的传统村镇建设价值评估体系，包括评估指标体系、评估形式、评估方法等。采用层次分析法和德尔菲法相结合的方法确定了评价体系的层次、价值因素和权重，并引用了群体评价中的多方参与机制。村镇传统建筑价值评估模型的最终形成，可以使村镇传统建筑更新的实践更加科学有序。在选择价值因素时，由于村镇传统建筑的价值可以从多个方面进行评估，所以我们在选择价值因素时主要遵循以下三个要求：

1）全面性

村镇传统建筑是一个复杂的有机体，不能脱离群落、周边环境、地域特征及文化来独立考虑。传统建筑的技术与艺术价值，以及传统建筑中的非物质文化遗产所反映的地域及历史文化特征等因素都需要考虑。因此选取的价值因子应全面地反映其主要属性。

2）重点性

由于全国范围内的村镇传统建筑数量较大，且分布区域较广，每个地区的地形地貌特征、气候特征及文化都会对村镇传统建筑的形成、发展产生影响。因此这些众多的价值因子不能一一纳入，需要抓住建筑的主要特征，选取最具有代表性的价值因子。

3）动态性

村镇传统建筑在时间和空间都是动态发展更新的，随着时间的发展，建筑的格局、空间以及其中的居民都是在变化的，因此随着研究的深入和实际经验的积累，选取的价值因子应该符合村镇传统建筑更新和时代发展的需要。

村镇传统建筑价值评价往往受到多方面因素影响，为了准确地得到其综合价值，建立评价指标体系，根据上述原则，我们选取了以下重要的价值因子：

（1）久远度因子

对于村镇传统建筑来讲，时间价值是最能反映遗产的珍贵性指标。判断久远度的依据是：现存最早建筑修建年代、传统建筑集中修建年代。

（2）典型度因子

主要表现了村镇传统建筑反映地域历史文化的特性，是相对于其他建筑的竞争力大小。判断典型度的依据是：民族与地域文化代表度；风貌特色和地域特色代表度。

（3）纪念性因子

主要考察建筑背后的历史及可纪念的程度。判断典型度的依据是：历史事件或历史人物的关联度；历史事件的重要性。

（4）完整性因子

完整性要求村镇传统建筑必须具有完整的建筑形态，完整的时间序列和完整的人文生活三个特点。判断完整性的依据是：现存传统建筑（群）及其建筑细部保存情况、建筑周边环境保存情况。

（5）稀缺度因子

可使用文物保护单位等级来评定，文物保护单位是已被认定的具有历史、艺术、科学价值的历史建筑，是区域内建筑文化的典型，是衡量村落建筑价值的重要指标。判断稀缺度的依据是：文物保护单位的级别，分别为国家级、省级、市级、县（区）级保护单位。

（6）丰富度因子

村落中包含的建筑种类是多样的，有居住建筑、传统商业建筑、防御建筑、驿站、祠堂、庙宇、书院、楼塔及其他种类，因此在评估时需要考核其建筑类型功能的丰富度。判断丰富度的依据是建筑类型的规模数量。

（7）工艺美学价值因子

工艺美学反映村落建筑的艺术欣赏价值。判断工艺美学价值因子的依据是：建筑（群）所具有的建筑风格、形态、材料或做法的美学价值；建筑技艺，建筑细部和装饰的工艺水平。

（8）科学技术价值因子

主要指建筑营造技术在先进性、生态环境、技术传承等方面的情况。判断科学技术价值因子的依据是：建筑结构施工工艺的独创性、先进性；建筑对环境的适宜性与被动式技术；建筑技术至今的应用程度。

（9）社会经济价值因子

表现在居民生活的延续性及居住的舒适度。判断社会经济价值因子的依据是：建筑使用情况和人口状况、公共配套设施和基础设施水平。[52]

3.3.2 价值体系层级

1）价值体系层级构建

村镇传统建筑价值评估体系的构建应遵循以下原则：① 可比性：评价体系要素应反映不同村庄建筑的差异和综合价值的优劣。② 综合性：评价因素能够全面反映村庄建筑价值的本质特征，相互之间具有不可替代性。③ 量化：对于可量化指标，尽量量化，避免因主观因素造成评估不准确。无法量化的指标采用德尔菲法或详细问卷调查法进行评价。④ 可行性：所选因素的原始数据应易于获取和计算。⑤ 层次结构：为了便于因子分析，将因子分解为几个层次。将复杂问题分解为多个元素，并根据不同的属性将这些元素划分为若干组，从而形成不同的层次。同一层次的要素支配下一层次的某些要素，同时又被上一层次的要素支配。这种自上而下的优势关系形成了一个层次结构。顶层只有一个元素，通常是评估或分析问题的预定目标或理想结果，称为目标层。中间层次一般为标准、子标准，最低层次为基本评价因子层次。通过价值因素的相关分析，梳理出村镇传统建筑的价值评价体系（即目标层）包括四个价值类别（即第一层），即：历史文化价值、工艺审美价值、科技价值和社会经济价值。根据村镇传统建筑的主要特征，通过反复修改和优化，建立了由价值范畴、特征属性和表现元素组成的、具有层次顺序和逻辑映射关系的四层价值评价综合体系。[53]

2）确定权重

村镇传统建筑价值评价 表 3-3

目标层	第一层 （价值范畴）	第二层 （特征属性）	第三层 （表现要素）
村镇传统建筑价值评价	历史文化价值	久远度	现存最早建筑修建年代；传统建筑群集中修建年代
		典型度	民族与地域文化代表度；风貌特色和地域特色代表度
		纪念性	与历史事件和历史人物的关联度；历史事件的重要性
		完整性	建筑（群）完整性；建筑周边环境保存情况
		稀缺度	文物保护单位等级
		丰富度	建筑类型的规模数量
	工艺美学价值	建筑美学	现存传统建筑（群）所具有的建筑风格、形态、材料或做法的美学价值
		传统工艺技艺	传统建筑技艺，建筑细部和装饰的工艺水平
	科学技术价值	建筑结构及营造技术	建筑结构施工工艺，工程营造的独创性、先进性
		生态环境利用	运用被动式技术，建筑气候适应性情况
		技术传承性	技术至今的应用状况、影响程度
	社会经济价值	生活延续性或可再利用性	常住民状态，传统建筑使用规模和比例
		居住舒适度——基础设施条件	排水（污水）设施（类型、方式、规模等）、公共照明、公共卫生（厕所）、环卫设备、垃圾收集处理（方式）
		居住舒适度——公共配套设施条件	卫生配套（卫生所、室）、文化设施（图书室、文化活动场地、活动室或中心等）、体育活动场地、学校、其他福利设施

权重又叫权值，是一个相对的概念，某指标的权重是该指标在评价中的重要程度。权重的分配会直接影响评价结果，客观、合理地评价指标赋权，对传统村镇建筑价值评价具有十分重要的意义。确定权重的方法有多种，主要分为主观和客观两种。在综合评价中，不同类别的权重往往代表着不同的经济含义和不同的数学特点。在综合评价中的统计权数主要有如下几种分类：按权数的表现形式划分，可分为绝对数形式权数和相对数形式权数（或称比重权数），相对数权数能较直观地显示权数在评价中的作用。按权数的形成方式划分，可分为自然权数和人工权数。由于变换统计资料的表现形式与统计指标合成方式而得到的权数即自然权数，这种权数也被称为客观权数。人工权数是指根据研究目的和评价指标的内涵，人为地构造出反映各个评价指标重要程度的权数，这种权数也被称为主观权数。具体方法有熵权法（Entropy-Weighing Method）、主成分分析法（Principal Component Analysis）、灰色评价法（Gray Evaluation）、德尔菲法（Delphi Method）、层次分析法（Analgtic Hierarchg Process）。

其中，AHP 层次分析法的特点是利用较少的定量信息，把决策的思维过程数学化，从而为多目标的复杂决策问题提供参考依据，尤其适用于决策结果难以准确计量的场合。德菲尔法是评价者根据评价目标和评价对象预设一系列评价指标，通过匿名的方式向专家征询评价指标的意见，然后进行统计处理，并反馈咨询结果，最终得到各指标的权重。该方法能充分发挥专家的主观能动性，集中专家的专业知识，其结果有广泛的代表性，这是目前确定权重最常用的方法。[53]

在评价体系确定以后，本研究采用层次分析法（AHP）和德尔菲法相结合的方法来确定传统村镇建筑价值评价体系各指标权重。建立评价指标体系层次结构模型，包括四层结构：目标层，即传统村镇建筑价值评价；第一至三层为分级评价层，包括了 18 项指标的具体评价。然后根据传统村镇建筑价值体系层次结构模型，制定问卷内容，采用德尔菲法向有关传统村镇保护领域的专家学者发放评价调查问卷，进行权重值调查。通过对两两元素相对重要程度进行比较，构造权重判断矩阵，通过层次单排序，层次总排序及一致性检验等步骤，分别计算出每层次相对权重，最终得出每项指标的组合权重。[54]

3）评价方法

（1）评价方法介绍

对一切客观事物的评价都要选择正确的方法，每种评估方法都有优缺点、适用条件和局限性。在揭示客观事物本质和规律的实际操作中，应根据实际情况确定选择何种评价方法。同样，在认识客观事物的过程中，对传统村镇建筑的评价也有各种计算方法。目前应用最为广泛的有：模糊综合评价法，这种方法侧重于"认知不确定性"，即事物属性之间没有明显的界限，不能简单地用好坏来解释。它使用精确的数学方法来处理数学无法描述的模糊事物，并对边界不清、难以量化的因素进行量化。其数学模型相对简单，易于推广。灰色聚类法，主要利用已知信息确定系统的位置信息，给出客观可靠的定量分析结果，对数据量没有严格要求。专家评分法，它是评价体系中应用最广泛的方法。在定量和定性分析的基础上，通过评分进行定量评价。结果具有数据统计的特点。其最大的优点是，可以在缺乏足够原始数据和统计数据的情况下进行定量评估。其实施主要依据现行的评价标准和评价对象提供的基础数据，由专家进行分析评价，最后给出各指标的得分。最后通过数据累加或加权平均法得到最终结果。专家评估的准确性主要取决于专家的专业知识水平，这就要求参与评估的专家需要一定的学术水平和相关的实践经验。

对结果进行聚类分析。它是指将一组对象分组为由相似对象组成的多个类别的分析过程。采用聚类分析对评价结果进行分类，便于不同评价对象的横向比较，为以后的决策提供依据。

（2）优化评价方法的选择是决定评价结果是否客观的关键。评价方法应兼顾科学性和可操作性。每种评估方法都有其背景，不可避免地存在局限性。因此，评价方法应得到认可且成熟，并应考虑用户的文化水平。评价体系中的评价因素既要反映评价子目录，又要尽可能涵盖评价对象的特征。评价因素的选择是基于评价人的专业知识水平，主观成分较大。因此，有必要综合运用文献参考法、预置指标法、专家调查法和层次分析法，充分发挥每种方法的优势，以获得一个全面、科学、关键、动态、符合上述要求的评价因子集。优化评价因素权重的确定方法。目前，权重法主要采用专家咨询的经验判断法，根据评委专家的知识、经验和个人价值，对指标体系进行分析、判断和主观赋权。因此，要优化权重方法，首先要合理选择参与权重打分的专家组，该专家组应尽可能全面，包括相关政府部门、大学教师、专业学者等。其次要对统计结果进行处理，应采用简单易行的综合数据统计方法。本研究将结合层次分析法和德尔菲法的优点来确定权重。评价体系的操作方法包括评分过程和评分数据处理。评分过程依赖于专家评分，因此要求评分员对传统村镇建筑有一定的专业知识和明确的评价标准。在评分数据处理中，引入定量统计和计算机统计可以提高效率并减少错误[52]。因此本研究选择的评价方法与参与主体如表 3-4 所示：

评价阶段	要求	参与主体	评价方法
评价因子选择	全面性、科学性、重点性、动态性	评价者（个人）	多因子法、层次分析法
权重的确定	合理	相关专家（群体）	德尔菲法
评价对象打分	客观	相关专业人士	专家打分法
评分结果处理	科学、快速	相关专业人士	加权数据处理

3.3.3　村镇传统建筑价值评价体系与内容

村镇传统建筑价值综合考虑了建筑在历史文化、工艺美学、科技和社会经济等方面的价值特征。他们代表过去和现在；客观评价与主观感受并重；有定量分析和定性分析。在构建价值评估层次结构后，将层次分析法(AHP)和德尔菲法相结合，并根据项目性质调整各影响因素的权重。在单一影响因素中，除了预设一定的参考标准外，还整合了多方参与的评价机制。最终形成数字化、综合化、多方化的村镇传统建筑价值评估体系。该系统根据实际情况对指标进行适当调整，可应用于不同地区、不同类型的传统村镇建筑的评价。因此，它是一个全面的、比较完整的传统村镇建设价值评估体系。整个评估步骤清晰，评估规则简单。通过对村落建筑价值进行多层次、多因素的综合评价，我们可以从整体上把握建筑价值的优缺点，做出科学合理的评价，既充分、深刻地挖掘其特点，村镇传统建筑的价值和意义，同时也诊断其存在的问题和不足，从而为村镇建筑乃至古村落的开发和保护提供决策依据。[52]

1）村镇传统建筑价值评分表

根据以上研究，以及参考国内较成熟的建筑价值评价体系，综合考虑村镇传统建筑的特色，可得村镇传统建筑价值评分表（表 3-5）如下：

村镇传统建筑价值评分表 表3-5

第一层级评价	第二层级评价	第三层级评价	评价标准	分值	满分	得分
历史文化价值	久远度	现存最早建筑修建年代	明代及以前	4分	4分	
			清代	3分		
			中华民国	2分		
			中华人民共和国成立至1980年以前	1分		
		传统建筑群集中修建年代	清代及以前	6分	6分	
			中华民国	4分		
			中华人民共和国成立初至1980年以前	3分		
	典型度	民族与地域文化特点	鲜明	5分	5分	
			较鲜明	3～4分		
			不鲜明	0～2分		
		风貌特色和地域特色	鲜明	5分	5分	
			较鲜明	3～4分		
			不鲜明	0～2分		
	纪念性	与历史事件和历史人物的关联度	大	5分	5分	
			较大	3～4分		
			小	0～2分		
		历史事件的重要性	大	5分	5分	
			较大	3～4分		
			小	0～2分		
	完整性	建筑（群）完整性	保存妥当，质量完好	8～10分	10分	
			保存较好，结构完整	5～7分		
			部分坍塌，骨构架存在	3～4分		
			质量较差，结构部分损坏	0～2分		
		建筑周边环境保存情况	良好	5分	5分	
			较好	3～4分		
			有一定破坏	0～2分		

第一层级评价	第二层级评价	第三层级评价	评价标准	分值	满分	得分
历史文化价值	稀缺度	文物保护单位等级	国家级，超过 1 处每处增加 2 分	4 分	10 分	
			省级，超过 1 处每处增加 1.5 分	3 分		
			市县级，超过 1 处每处增加 1 分	2 分		
			列入第三次文物普查的登记范围，超过 1 处每处增加 0.5 分	1 分		
	丰富度	建筑类型的规模数量	居住、传统商业、防御、驿站、祠堂、庙宇、书院、楼塔及其他种类	每一种得 2 分	10 分	
工艺美学价值	建筑美学	现存传统建筑（群）所具有的建筑风格、形态、材料或做法的美学价值	精美、独特，美学价值高	5 分	5 分	
			代表本地文化与审美，美学价值较高	3～4 分		
			仅体现当地乡土特色，美学价值一般	0～2 分		
	传统工艺技艺	传统建筑技艺，建筑细部和装饰的工艺水平	高	5 分	5 分	
			较高	3～4 分		
			一般	0～2 分		
科学技术价值	建筑结构及营造技术	建筑结构施工工艺，工程营造的独创性、先进性	很高的独创性、先进性	5 分	5 分	
			一定的独创性、先进性	3 分		
			不具独创性，具有一定先进性、合理性	1 分		
	生态环境利用	运用被动式技术，建筑气候适应性情况	某一类建筑的气候适应性强	5 分	5 分	
			某一类型建筑具有一定的气候适应性	3 分		
			建筑能与该地气候相适应	0～2 分		
	技术传承性	技术工艺至今的应用状况、影响程度	大量应用	4～5 分	5 分	
			较多应用	2～3 分		
			较少应用	0～1 分		

第一层级评价	第二层级评价	第三层级评价	评价标准	分值	满分	得分
社会经济价值	生活延续性	常住居民结构，传统建筑使用规模和比例	人口老年化少，建筑使用比例高	4分	4分	
			人口老年化较少，建筑使用比例高	2～3分		
			人口老年化多，建筑使用比例较低	0～1分		
	居住舒适度	排水设施、公共照明、公共卫生、环卫设备、垃圾收集处理等基础设施条件	完善度高，条件好	3分	3分	
			大部分具备，条件较好	2分		
			部分具备，条件一般	0～1分		
		卫生配套、文化设施、体育活动场地、学校、其他福利设施等公共配套设施条件	完善度高，条件好	3分	3分	
			大部分具备，条件较好	2分		
			部分具备，条件一般	0～1分		
合计					100分	

2）村镇传统建筑价值评价等级

根据以上村镇传统建筑评价体系评分表（表3-5）的综合得分得出传统村镇建筑价值评估等级。

村镇传统建筑价值评价等级　　　　　　　　　　　　表3-6

综合得分	建筑定性	保护建议
0～25	普通建筑	重新定义
25～50	有一定价值的建筑	可保留
50～70	有较高价值的建筑	可修缮
70～85	有很高价值的建筑	一定控制
85～100	文物单位	严格控制

3.4 案例解读——以岳阳市张谷英村建筑价值评价为例

本节以张谷英村实地调查数据为基础，以张谷英村为典型案例，论证传统建筑的价值特征和适应性研究方法，构建张谷英村建筑价值评估表，并对湖南省设计院设计的张谷英新居进行分析评价，为其他传统村镇建筑的价值特征和适应性研究提供参考，为价值评价体系的构建和建筑改造提供样本。

3.4.1 张谷英村现状

张谷英村位于湖南省岳阳市岳阳县张谷英镇，地理坐标为东经 113° 28'26"、北纬 29° 00'38"。张谷英村位于湖南省岳阳市以东的卫东笔架山脚下，位于岳阳、平江、汨罗的交汇处。它是中国江南最完整的古民居社区。该村总面积为 504.4hm²。以其始祖张谷英的名字命名，它已经存在了 600 多年。2001 年 6 月 25 日被宣布为国家重点文物保护单位，2003 年被评为中国历史文化名村。它被称为"世界第一村"和"民俗紫禁城"。从村庄建筑规模来看，张谷英村大小建筑 1732 座，总建筑面积超过 51000m²。在此基础上，张谷英村传统建设用地面积占全村建设用地面积的 60% 以上（图 3-6）。

气候上，张谷英村属于亚热带大陆性季风湿润气候向北亚热带过渡带，具有强烈的大陆性特征。多年平均气温 16.5 ~ 17℃，1 月平均最低气温 4.2℃，7 月平均最高气温 29.2℃，年较差较大。张谷英村的综合价值涵盖了古建筑、遗产环境要素和自然环境要素的形成，传统建筑的价值特征突出。张谷英从明清至今的建筑遗产，连同周围的环境因素，构成了古村落的历史遗产。其建筑集中反映了明清时期农村居民的物质文化和精神文化体系，是对当地物质生产生活方式的重要贡献，是湘楚文化历史信息的真实写照。张谷英村的传统建筑具有较强的适应性和代表性。张谷营村的建筑特色和适应性体现在它巧妙地利用了有利的天气、地点和人的条件。村庄建在渭溪河

图 3-6　张谷英村建筑布局

附近，渭溪河贯穿整个村庄。它是整个古村落风貌的有机整体，充分体现了建筑的科学性和自然适应性。此外，张谷英村的建筑布局也充分体现了"天人合一"的理念，处理好了人与自然的和谐关系，这也是张谷营村建筑的一大特色。明清以来，张谷英家族世代繁衍，村落建筑如树枝般不断延伸，其布局依地形采取"干枝式"结构。[55]

3.4.2 张谷英村建筑价值特征分析

村镇传统建筑是自然环境、生产生活方式、经济形态、社会组织、思想观念和价值观念相互作用形成的空间实体。它是一个包括历史、文化、社会、美学和经济在内的复杂系统。张谷英村是一个极具代表性的村镇传统建筑，具有十分突出的建筑价值特征。考古专家认为，张谷英村建筑规模大，建筑风格奇特，建筑艺术优美，堪称"世界第一村"。张谷英村现有传统建筑（群）的造型、结构、材料和装饰具有典型的地域或民族特色，施工工艺独特，建筑细部和装饰精美，工艺审美价值高。在此基础上，从历史文化价值、工艺美学价值、科学技术价值、社会经济价值四个价值特征来分析张谷英村建筑的价值特征。

1）历史文化价值特征

张谷英村建筑的历史价值和特色十分突出。张谷英村建筑群群山环抱，建在魏溪河附近。整体造型呈现阴阳围合。村庄建筑呈"丰"形结构。大房子以天井为中心，大房子与庭院相连，非常和谐。张谷英村综合体始建于明朝嘉靖四十一年（1562年），清代连续两次建筑集中于明清时期。张谷英村完全保留了明清时期的建筑。它是典型的明清民用建筑，属于国家文物保护单位。

在哲学范型上，张谷英村的建筑，天井连天井，厅堂连厅堂，浑然一体，屋宇绵延，檐廊衔接，具有一种"无限"的结构延展性。这个格局下，整个村落也可以视为一栋建筑，这个建筑是绵延不绝的，甚至具有一种"宇宙"范型。张谷英村建筑整体风貌完整协调，新建筑与原有建筑相对协调，无明显的对比或者突出以至于破坏格局整体性的情况出现。王澍在象山校园的水岸山居中就应用了这种传统村镇空间形态的范型，证明了传统村镇这种无限延展的空间体系也是能适应现代复杂的功能需求的。因为这看似简单的空间形态，其实就已经蕴含了高度的可变性，容纳着高度的复杂性。在选址上，张谷英村建筑的选址、规划、营造具有典型的传统中国风水选址的特征。背靠山头，面临溪水，这样的格局是中国古代风水学最具代表性的"太师椅"格局。在风水格局上，建筑多采用纵横轴线的院落式布局，主从关系明确，阴阳有序，体现了天、地、人合一的传统哲学思想。张谷英村的整个建筑群不仅体现出了淳朴的风韵，而且建筑与自然融为一体，蕴含着深邃的文化底蕴，是湘楚文化的一大鲜活写照。这个体系有着极强现代建筑的适应性，在一个屋顶下，建筑通过天井庭院的组合可以形成无限延展的结构，成为一种设计的范型。就张谷英村的整个建筑布局来看，其建筑主要采用了中轴对称和垂直分布的特有模式，是较为典型的明清湘楚村落，对于今天人居环境研究有很重要的参考价值。[55]

2）工艺美学价值特征

就建筑的外观造型而言，张谷英村建筑采用湖南常见的建筑造型，包括坡屋面、瓦屋顶、"猫弓背"的山墙和马头墙的立面造型（图3-7），还有造型奇特的雀替等（图3-8）。就装饰细部而言，现存传统建筑（群）及建筑细部乃至周边环境原貌保存十分完好。张谷英村建筑上的雕画达3000多处，无一处雷同。主要出现在门框、屋檐、梁、枋、柱、石墩、石鼓、石条、窗棂、案台、屏门挂落等处。装饰的题材是喜鹊、梅花、猛兽太极图、花鸟、人畜以及龙纹、凤纹、饕餮吻兽、云纹等，都具有丰富的湖南特色和湖南人文精神（图3-9）。[56]

3）科学技术价值特征

在建筑材料上，张谷英村建筑由砖、木、石、瓦等材料构成。砖是青砖，木是

图3-7　建筑山墙

图3-8　雀替

图3-9　户牖上的装饰

本地采伐的杂木，石为本地采集的花岗石。立面上，明代所砌砖墙中砖与砖之间粘合紧凑。结构体系上，张谷英村建筑以木结构为主，砖石结构为辅，木结构多本色或涂以黑漆。其整个村落的屋顶及结构具有十分强的延续性，在完整的延续性下各个建筑又具备其立面的独特性。

4）社会经济价值特征

张谷英村建筑的屋顶是连绵不断的，也就是说整个张谷英村落建筑的屋顶都是相连接的（图3-10）。这样的屋顶结构是传统村镇建筑中所特有的。这样的结构体系所体现的价值特色绝不仅仅局限于结构学意义，而还意味着"整体包含着个体，个体存在于整体之中"这样传统的价值认知以及"从明代到当代的建筑几乎并存于一个屋顶下"的建筑格局。也就是说，从明代至今，具有不同年代风格和特色的传统建筑都被囊括于一个连续的整体之中。在这样的结构中，所有新出现的建筑是既"新"又"旧"的。"新"是从个体上看，建筑是"新出现的"；"旧"是从整体上看，即使是"新的建筑"它也是在原有的建筑体系中延续出来的，是整体的一部分，随着新建筑的建造，整体随之延展了。这样的"整体与部分"的关系，已经超越了建筑本身的价值和意义。[57]

张谷英村建筑的总体布局呈"干枝式"延续性结构。顺着建筑屋脊，张谷英村整个建筑又呈现出无数个"井"字，这就使得其建筑具有十分强的适应性，能够无限延展性的发展，同时具备一定的消防能力和气候舒适性，为村民们节省了房屋的供能费用；当然，其建筑群独具特色，为当地带来了许多旅游资源，创造了可观的间接经济价值[57]。

图3-10 连绵的屋顶

3.4.3 张谷英村建筑价值评价

依据表 3-5 构建的价值评价表以及村落实地调研可构建出张谷英村建筑价值评表（表 3-7）。

张谷英村建筑价值评价表

表 3-7

第一层级评价	第二层级评价	第三层级评价	评价标准	估分
历史文化价值	久远度	现存最早建筑修建年代	始建于明嘉靖四十一年	4分
		传统建筑群集中修建年代	两次集中修建于明清	6分
	典型度	民族与地域文化特点	集中反映了明清时代农村居民的物质与精神以及湘楚文化	5分
		风貌特色和地域特色	特点鲜明，有"天下第一村""民间故宫"之称	5分
	纪念性	与历史事件和历史人物的关联度	由其始祖张谷英始建,代代相传,都居住于同一个村落中	5分
		历史事件的重要性	其宗族延续，很大程度上与张谷英村的"丰"字形平面相关	3分
	完整性	建筑（群）完整性	现存传统建筑（群）分布集中，建筑细部风貌协调，质量过关	10分
		建筑周边环境保存情况	周边环境原貌保存完好	5分
	稀缺度	文物保护单位等级	张谷英村属国家文物保护单位，无单项获得文物保护级别	5分
	丰富度	建筑类型的规模数量	保存有明清时期的住宅,当大门,祖先堂,太学弟,古驿道等	10分
工艺美学价值	建筑美学	现存传统建筑（群）所具有的各类美学价值	现存建筑风格具有典型地域性以及民族性特色	5分
	传统工艺技艺	传统建筑技艺，建筑细部和装饰的工艺水平	建造工艺独特，建筑细部及装饰十分精美	4分
科学技术价值	建筑结构及营造技术	建筑结构施工工艺，工程营造的独创性、先进性	技术工艺水平有典型地域性，有一定的独创性	4分
	生态环境利用	运用被动式技术，建筑气候适应性情况	依山傍水的"干枝式"格局以及"井"字形的建筑布局具有很强的环境适应性	5分
	技术传承性	技术工艺至今的应用状况、影响程度	在传统技艺工具的应用上有欠缺，缺少传承	3分

村镇传统建筑保护

第一层级 评价	第二层级 评价	第三层级 评价	评价标准	估分
社会经济 价值	生活 延续性	常住居民结构，传统建筑 使用规模和比例	仍有张谷英后代生活使用，人口 老年化较少，建筑使用比例高	3分
	居住 舒适度	基础设施条件	大部分具备，条件较好	2分
		公共配套设施条件	大部分具备，条件较好	2分
合计				86分

　　对于张谷英村的价值评价表分了三个层级，第一层级的评价包括历史文化价值、工艺美学价值、科学技术价值、社会经济价值。从表中可以看出张谷英村的历史文化价值和科学技术价值很高，而工艺美学价值与社会经济价值次之。历史文化价值的第二层级评价包括久远度、典型度、纪念性、完整性、稀缺度、丰富度，具体来说，完整性中的建筑（群）完整性估分高达10分，而纪念性中的历史事件的重要性估分仅有3分，这是由于张谷英村的宗族延续，很大程度上与张谷英村的"丰"字形平面相关；工艺美学价值的第二层级评价包括建筑美学和传统工艺技艺，二者得分接近，分别为5分和4分；科学技术价值的第二层级评价包括建筑结构及营造技术、生态环境利用、技术传承性三方面，分别为4分、5分、3分；社会经济价值的第二层级评价包括生活延续性和居住舒适度，分别为3分和4分。

　　总的来说，张谷英村的历史文化价值的评价较高，而科学技术价值和社会经济价值评价相对不够高。

◆ 思考题

　　1. 什么是价值？

　　2. 如何理解评价？

　　3. 简述国内几种主要的建筑价值评价方法。

　　4. 什么是村镇传统建筑价值理论？并简单阐述其价值特色。

　　5. 村镇传统建筑价值评价体系的层次结构包括哪四层结构？分别包括什么内容？

　　6. 村镇传统建筑价值评价体系选取价值因子时，要注意哪四个方面的需求？

　　7. 确定权重的方法有哪几种？

　　8. 进行村镇传统建筑价值评价的意义？

第 4 章

——

村镇传统建筑
保护技术策略

4.1　村镇传统建筑保护现状

村镇传统建筑保护现状堪忧，具体有社会缺乏对传统建筑的恰当保护、新建筑与传统村镇风貌不协调、村镇传统建筑文化保护不全面等情况。

4.1.1　保护方法缺失

随着社会的进步和城市化进程的稳步推进，人们逐渐重视我国村镇传统建筑的保护，但是对于传统建筑保护的认识还停留在建筑本体，对于建筑所蕴含的历史文化、技术技艺等方面缺少深刻的认知及理解，因此许多村镇传统建筑在旧城改造或村镇更新中被破坏或损毁。对于这种缺少科学保护手段的情况，相关部门应该反省自身不足、加强群众保护观念建设、落实政府相关保护措施[58]（图 4-1）。

1949 年后，相关部门对村镇传统建筑开展了 3 次大规模的统计调查，对传统建筑的现状与价值进行了详细记录，并对保护单位名单进行公示。其后也进行过数次小规模调查，但仍然存在部分还未被记录、或已经记录但未被适当保护的建筑，这些问题普遍存在于村镇传统建筑保护工作中（图 4-2）。

图 4-1　传统建筑未被妥善保护　　　　图 4-2　村镇传统建筑现场修缮

4.1.2　新老建筑风貌不协调

村镇的生产生活方式随时代进步而改变，村民效仿城市的建造方式来修建民居，致使乡村原有的生活方式与习俗文化在逐步弱化。此外，部分村干部对传统建筑的价值认识不全面，未能树立正确的保护观念。此类问题的出现说明了相关法律法规的缺失，以及宣传保护传统建筑文化价值的力度不足。

近年来，村镇为发展经济进行相关旅游业开发，涌入了大量外来文化，导致原有历史文化受到冲击，建筑新形式、新材料的引入对本土的建造工艺影响巨大。新建建筑无序坐落于村镇中，无法融入村镇本土环境，对村镇原有建筑特色与村镇景观风貌产生影响，并严重破坏了村镇建筑集群风貌。

4.1.3 文化保护不全面

一些传统村镇为了提高经济收入而发展旅游产业，将其建成"旅游型村镇"，采用保护性修缮的方式，尽量保存民族特色和村镇特色，但是此类村镇旅游建设只为满足游客的单次游览，把经济利益摆在第一位，对旅游建设的品质把控还不足，对传统村镇建筑和历史文化的保护传承考虑不全面，致使建设过度注重经济效益。传统建筑保护过程中存在的问题往往会在修缮和复原的过程中体现出来。如存在对古建筑任意增添拆毁；抑或是不顾建筑特色，以现代材料代替传统材料的做法。这些实施方法没有遵守《文物保护法》中的规定，忘却了保护、修缮传统建筑的初衷。

4.2 村镇传统建筑保护意义

村镇传统建筑保护意义主要包括以下五个方面：

4.2.1 传承文化的重要载体

在传统村镇建筑的保护过程中，应发掘村镇中现存的非物质文化遗产以及传统生产生活方式等，将现代文明与传统文化融为一体，使传统村镇在保护与发展中能一直具有活力，并将其作为传统特色进行保护。对于保护区内的生态环境、传统建筑等，可划定核心保护区，在保护区内适当保留特色生产生活方式。新建生活区应与保护区保持一定距离，这种方式利于结合传统文明与现代文明，促使传统村镇建筑与历史文化能可持续地良性发展（图4-3）。

图4-3 村镇非物质文化

4.2.2 艺术创作的重要借鉴

我国传统建筑在营造技艺与艺术造诣等方面均在世界建筑史上留下浓墨重彩的一笔。在建筑布局、材料、施工、艺术装饰、传统风格等方面，积攒了数千年来匠人在长期建筑实践中总结下来的宝贵经验，对现代建筑从业人员有很大的启示与示范作用。如中国古建筑木结构的构建原理和它独特的防震方法，对现代结构抗震技术的发展有着重大启示作用（图4-4）[59]。

图4-4　木结构廊道

4.2.3 乡村振兴的重要基础

中国特色社会主义进入新时代后，党中央制定了重大决策来深度解决"三农"问题。明确提出"实施乡村振兴战略是新时代坚持新发展理念、建设现代化经济体系的战略措施"，特别强调"要坚定优先发展农业农村的策略，秉承五项基本要求（即产业兴旺、生态宜居、乡风文明、治理有效、生活富裕），构建科学的体制机制及政策体系以促进城乡融合，从而加速农业农村现代化进程，为乡村持续健康发展描绘崭新蓝图。"乡村振兴要求"产业兴旺和生态宜居"，传统村镇建筑是一种丰富的旅游资源，涉及村镇旅游产业发展问题[60]。传统村镇建筑保护与利用，对旅游业开发有积极的促进作用。若一个旅游业项目拥有独特的传统建筑

图 4-5　湘西自治州拉毫村　　　　　　　图 4-6　永州市上甘棠村

作为吸引点，其自身的文化效应有利于提升游客的游览率（图 4-5、图 4-6）。

4.2.4　村镇传统建筑的保护难点

1）传统建筑空间环境受到冲击

村镇传统建筑空间是居民生产生活的场所，其空间布局以及功能发展都经历了较长的历史发展过程。传统建筑空间环境具备地域性与地方文化性，然而，随着城市化进程的不断发展以及新农村建设的大力推动，村镇建筑空间环境受到外界的干扰逐渐丧失原本的特性，建筑周边环境的地域性及其生态环境受到不可逆的破坏。

2）缺乏专业人员的指导与管理

部分村镇干部和当地居民对传统村镇建筑的历史、社会、文化、文明的价值认知不够，对传统村镇建筑的保护意识不强。尽管《文物保护法》中对文物建筑、古村庄都有明确的法规保护规定，传统建筑的拆除、拆建、改建、出售等都要履行报批程序，修缮必须坚持"不改变文物原状、修旧如旧"的原则，必须接受相关部门的管理、监督与指导。但是由于大多数村镇没有专业人员的指导，传统建筑随意拆建，村镇周边地域风貌遭到破坏的现象依然普遍存在[61]。

3）客观因素制约较多

经过岁月的洗礼，许多村镇古建筑的外墙由于自然因素表皮逐渐脱落，受到风雨等天气的影响，外墙的色彩逐渐褪去。部分古建筑的结构受到地质因素的影响，出现不同程度的变形且难以恢复。同时随着居民审美意识的不断提高，传统的建筑形式难以符合人们的审美要求，随意建造的新建筑与旧建筑混杂，在建筑形式和色彩上极不协调，使村镇风貌失去了原本的韵味。

4.2.5　村镇传统建筑的保护模式

1）静态保护模式

静态保护模式指的是既要保护村镇的全部人工环境，还要保护与这些环境相一致的传统生活方式。保护内容包括居民的传统生活与劳作方式、传统服饰、习俗、手工业等。这种保护方式以保存村镇历史文化"原真性"为理想，希望将传统村镇所体现的传统文化生活持续保存。现行的静态保护模式认为应当严格反映旧有村镇的面貌与生活。在保护时力求全盘重现原有风貌，要求对现有的文物古迹加以重点保护，对已改变原貌的应恢复原貌，对异质添建的应当拆除并按原貌重建，丝毫不差地恢复原貌及原有生活形态。[62]

2）动态保护模式

动态保护要求在村镇的规划中，应将历史—现状—未来统一起来考虑，使其处于最优状态。动态保护要求无论初始状态和初始决策如何，对于先前决策所造成的状态而言，余下的决策必须构成最优策略。在对村镇的保护中，应强调"持续规划""滚动开发""循序渐进式""控制性规划"，在着眼于近期发展建设的同时对远期目标仅提供一些具有弹性的控制指标，并在保护方案实施过程中不断加以修正与补充，实现一种动态平衡。[63]

4.3　村镇传统建筑保护内容

我国已经开展了关于传统建筑风貌保护与修缮的相关研究，但是其依然受到不同级别的破坏，因此，学者需要在现有传统建筑保护研究的基础上，针对村镇特点对建筑特色开展保护策略研究，以此提出未来关注的重点方向，以及如何保护地方文化和极具特色的传统建筑，不仅需要保留传统建筑形式及其营建技艺，还要赋予其新的功能与内涵，使其可以焕发新的生机并长久地保存下来。

4.3.1 村镇传统建筑分级保护措施

1）保护措施分级

建筑可以被确定为保护建筑和非保护建筑，对建筑的保护措施可分级为：严格保护、一般保护、修建、改造、保留和更新六种：

（1）严格保护的对象包括各级文物保护单位、标志性建筑物、空间界面具有不可替代作用的建筑物、在主要的景观视野范围之内的建筑物以及保存完好并能表现城市特色的某种建筑类型的建筑物。对严格保护的建筑物不能改变其原本的特征，必须在布局和外观上保持现有的原来面貌或按照其原来应有的特点进行修复，对其中的文物保护单位则应该对建筑进行维护或原样、同材修复，修旧如旧，新旧有别。

（2）一般保护的对象包括除严格保护之外的保存原状的传统建筑物和局部已被改变的传统建筑物，以及对形成城市空间的连续性，逻辑性和城市纹理具有重要和比较重要作用的建筑物或建筑群。对这类建筑应在保留原现存的特征部分的基础上，以建筑原有的特点为依据进行整治、更新、整修、装饰、更换。

（3）修建的对象包括除被保护的传统建筑之外的、局部已被改变的、仅保留有传统建筑结构的传统建筑物。对这类建筑物一般不主张拆除，而是对其已经改变并且改变得不合适、不恰当的部分的再一次整改。

（4）改造是针对非保护的现代建筑的措施，通过拆除或局部拆除使其与周围环境协调。

（5）保留是指对一般的不破坏城市历史文化环境或影响不大的现代建筑所采取的措施。

（6）对于在功能上、景观上和空间上与其所处的位置不符、不相适应，有很大或较大矛盾的建筑物可以通过改变功能、整体改造、拆除重建等方式更新。[64]

2）对应的整治措施

保护区内建筑按风貌保存的完整程度，结合历史文化价值和建筑特色分为四类，分别对应不同的整治措施（表4-1）。

村镇传统建筑分类 表4-1

建筑分类	特点
一类建筑	保存较好、具有典型代表性、未修缮、质量较差、基本为原物的原有建筑

建筑分类	特点
二类建筑	本体建筑基本为原物，部分损毁严重，需要重新修整建筑质量较差的建筑
三类建筑	现存建筑部分为原物，但建筑形象有较大改动；或者建筑质量较好但风貌，但与传统风貌尚可协调的建筑
四类建筑	建筑质量较好，一般为 1970 年代后所建的建筑，建筑体积大、高度较高，建筑形象严重影响环境风貌而又无法改造的建筑；或者违章搭建的棚屋、简易房

4.3.2　村镇整体格局分析

村镇的整体既包括村镇周围的自然环境、道路街巷、水系、传统建筑物、历史环境要素等有形资源，也包括诸如各级非物质文化遗产、传统生产生活方式等无形的资源。独具特色的建筑群与自然生态环境和谐统一，充分体现出中国传统文化孕育下的人居环境之美。

在大规模更新建设过程中，村镇肌理的主脉（街巷）和单元（房屋建筑等）不应采用简单的大规模拆迁建设方式。有机更新应在尊重原始肌理结构的基础上进行，并努力保持原始肌理独特的乡土特征。

村镇肌理的特点包括以下几点：

1）与自然和谐共生

村镇肌理是自然与人文的有机结合，具有浓郁的乡土气息。村镇结构受地形、地貌、气候、水文、土壤条件等自然环境影响较大。它们是村镇肌理的基本自然元素，其中气候和地形的影响最为明显。村镇肌理形态与自然环境的适应性已成为村镇建设的重要标准，村镇的地理位置一般靠近山川、水源和生产场所，呈现出独特的充满生机和活力的空间特征。无论是村镇的选址和布局，还是单体建筑的设计和建造，都凸显了人与自然和谐共处、浑然一体的环境氛围（图 4-7）。[65]

2）建筑同质性强

村镇作为一种传统的聚落空间，具有显著的地域特征，并始终保持着世代传承性。许多村镇已经成为一个相对封闭的社会单元（家族聚落），形成了血缘和地理上的邻里群体。村镇人口流动率小，活动范围受区域限制，价值观相对统一，

图 4-7　怀化市五保田村　　　　　　　图 4-8　岳阳县张谷英村

与外界相对隔离。村镇中建筑的布局是由居民根据长期生活实践中形成的具有浓郁地方特色的风俗和经验建造的。建筑高度同质，村镇肌理的空间关系连续完整，保留了相对封闭的地域特征。总的来说，虽然每一次新的建设活动都会改变村镇肌理的原有结构，但只要保持对村镇肌理原有结构的尊重和延续，考虑新建筑与周边建筑的相互协调，就能维持整个村镇肌理体系（图 4-8）。[66]

3）功能布局有序

许多村镇都蕴藏着丰富而独特的历史文化信息。这些肌理较为完整的村镇，保留了一定时期或几个时期积累的特色，保留了典型的村镇形态与乡土气息，村镇的功能布局严谨和谐。大多数村镇的水系和街道井然有序，民房、庭院、宗族祠堂等布置合理。村镇具有完整的传统肌理和丰富的传统生活内容，保持着传统的生活氛围，是历史文化生活的见证。

4.3.3　村镇传统建筑保护与利用内容

运用现代技术进行村镇建筑保护与修复的过程中，需要保护好新旧建筑之间的共生机理。当保护建筑处于传统建筑之间时，建筑作为一个整体应该保留其建筑高度、形式、结构和材料，建筑立面设计也应当延续具有村镇地方特色的建造材料、符号装饰语言、门窗的形式等，对该建筑的保护修缮应做到不改变原状，并与周围环境形成一个整体。当被保护建筑位于新建建筑之间时，需要按照村镇既有历史风貌特色对其开展保护和修缮，同样在建筑高度、形式、结构、材料、符号语言等方面表现村镇的风貌及传统特色，从而合理地融入进旧建筑体系中。在如今的保护修缮工作中，应因地制宜地进行传统建筑的形态保护与革新，采用现代技术手段与新设计理念，以满足村民新的生活需求。[67]

传统建筑保护设计的内容主要从建筑环境景观、建筑外观、建筑室内三个方面对建筑的材料、立面构成形式、结构体系、空间特征、装饰陈设、机械系统、区位环境、场所特征等内容进行保护，提出满足特殊需要（如健康、卫生、安全）或要求的保护目标、保护原则和保护方式，最后对保护措施的选择和预期目标进行评价。

传统建筑环境景观保护设计是为了保留历史建筑区域内原有的路网分布与空间特征，并在城市街道景观的建设中加强原有特色。大致包括村镇中传统建筑物（包括文保单位、历史建筑、传统风貌建筑）的位置、建造年代、建筑面积、基本形制、营造工艺、结构形式、建筑材料、装饰特点、建造相关的传统活动、历史文化、产权归属、使用状况、保存状况等。[68]

传统的建筑外观保护设计是在保护总体格局和整体特征的前提下，对设施进行更新和完善。保护修复的建筑风格应与原有风格协调统一，尽量使用当地建筑材料，保持地方特色。各类公共建筑除了满足功能要求和方便活动外，还应与村镇环境充分协调，注重特色空间的建设（图4-9）。

图4-9　特色空间设计图片

图4-10　侗心小栈

传统建筑室内保护的内容主要包括结构体系的保护、空间格局的保护与利用、建筑室内环境的改善等。传统建筑外观保护设计应根据原有历史建筑的历史价值、建筑质量和建筑风格进行分类。通道县皇都侗文化村的侗心小栈项目将侗文化作为展示窗口，把更多创意融入侗锦纹样、产品设计、民宿体验中带给远近四方的游客，致力于打造社会创新和社区营造示范点，打造当代人消费场景与地域特色文化融合新文旅示范点（图4-10）。整栋有三层，第一层作为公共分享空间，供来往游客村民驻足休息，通过对侗族非遗文化情境的重构，以及设计介入后的创新融合，感受新时代下文化创新的力量；第二层为交流空间，更多完善的配套设施，可供住店客人使用，营造舒适自在的家庭氛围；第三层为民宿体验，配以雅致的客房，即使是在乡村也能感受到舒适的入住体验（图4-11）。

图 4-11　艺术装置

4.3.4　历史环境要素及传统文化传承

　　1964 年 ICOMOS 颁发的《威尼斯宪章》被视为 20 世纪上半叶的关于遗产保护的里程碑，主要关注历史古迹及"环境（setting）"等物质实体真实性的保护。本文件内容涉及"乡村环境"的解释和扩充，它指出"历史古迹的概念不仅包括建筑单体，还包括能见证一种独特的文明、一种有意义的发展和一个历史事件的城市或乡村环境"[69]。

　　村镇是中国几千年农业文明的见证，是传统文化的载体。它们反映了该地区的地理环境、地域文化、地方特色和生活方式，如各族、各地区独特的村镇布局、街道格局、建筑构造、村规民约、方言俚语、风俗习惯和技能，具有很高的历史文化价值。建筑、街巷和整个村镇，从"点""线""面"入手，根据密集村镇的特点，探索建筑群之间的共生机理，研究村镇建筑的保护策略。要实现村镇的共生，必须深刻认识村镇的具体环境，尊重村镇的文化习俗，继承村镇的传统技术，在保护和修复中实现整体共生，文化共生，历史与现代共生，展现出富有地方特色的村镇风貌。中国文化博大精深，不仅体现在语言、文学和艺术上，也体现在地方风俗和建筑上。特别是在一些古老的村镇，由于现代文明对其影响较小，他们也很幸运地保留了古老的风韵，并直观地告诉人们古代的价值观和美学。在经济高度发展、人们争名夺利的今天，这些村镇将让人们冷静下来，反思自己，反思快速发展与保持真实自我的辩证关系，从而回归自我，让今天的人们成为一个健康的人。正是从这个角度来看，村镇具有非常重要的实用价值。但是，如上所述，在快速发展的背景下，以利益为中心的观念的影响下，传统的东西越来越少，人为的破坏成为村镇流失的主要原因。因此，保护村镇，弘扬村镇的生态文化是亟待解决的重要问题。[70]

4.4　村镇传统建筑保护技术原则

目前，我国各个领域的历史文化遗产保护意识逐步增强。无论是保护目的还是保护方式，随着国家历史地段保护规划和各级文化保护法律、法规、意见和条例的出台与实施，我们的遗产保护工作越来越完善。历史村镇与紫禁城、长城等文化遗产有着不同的本质内涵，最大的区别是，历史村镇仍然具有发展和更新的特征，因为它们是人们居住、生活和生产的载体，并且还在不断成长和发展。[71]

4.4.1　人性化保护策略

由于其自身的历史性和复杂性，对村镇和民居建筑的保护不是简单的局部封锁和完整保护。其复杂性使得对它们的保护有时超出了对建筑材料、结构等的修复。村镇动态保护中的人性化原则分为两点：一是人们参与村镇动态保护。建筑空间的功能是为人们提供一个活动的世界。活动的关键是动员人们的参与。只有人们的身心投入，建筑空间才有生命的活力，充满人性。所谓参与，是指人们以各种行为方式参与事件和活动，并与客体有直接或间接的关系。在这一设计中，我们应该引导积极的"角色参与"和"活动参与"，发挥主体与客体直接交流的互动作用。二是人类活动和空间的设计。对于村镇而言，其存在价值体现在对历史的记忆和回顾中，这是村镇的人文元素之一。与村镇相关的记忆总是与某些活动联系在一起，改造设计的目的是为这些活动提供机会。

4.4.2　完善建筑保护管理制度

近年来，许多保存完好、历史内涵深刻、景观特色鲜明的古镇村镇成为旅游热点。旅游业的发展促进了农村基础设施建设和旅游经济的发展，增加了农民就业和经济收入。因此，它也加强了农民对村镇价值的认识。这种认识虽然只注重经济效益，不全面，但有利于村镇的保护。然而，现实告诉我们，在经济利益的驱动下，这种旅游的发展不是长远之计。

对于传统乡土建筑，应合理利用村镇景观资源，开展旅游观光势在必行。开放村镇参观，需要投资基础设施和人才，经济利益还涉及村民的分配。这些都是大多数村镇所不具备的，因此它们往往将村镇的旅游经营权乃至村庄的经营权转移给旅游部门、企业和个人。由此造成的管理权威性和利益分配必然出现各种矛盾。

4.4.3　传统建筑整体性保护

村镇民居的保护与修复应与周边自然环境和建筑景观相统一，这是整体保护的理念。村镇是一个统一的整体，包括建筑、环境、空间格局和人类活动。整体保护是指对村庄整体外观的保护，包括需要特殊保护的村庄建筑物和环境。整体保护具有重要的历史、文化和美学价值，是社会、经济和文化发展政策的一部分。

在中国，经济快速发展的影响正在威胁着村镇建筑环境中蕴含的丰富文化沉淀。目前，常用的解决办法有两种：一是综合保护老村镇，发展新聚落；二是在旧区更新的同时，重点保护单体历史建筑。前者是不普遍的，因为对村庄的历史格局和传统建筑的价值和完整性要求很高，以及村庄重建和财政压力等诸多因素的限制。后者仅依靠历史建筑的点状保护，容易与旧区改造开发割裂，难以形成既具有现代活力又具有历史特色的统一完整的村镇空间。村镇的整体设计，促进了历史建筑的保护和彼此的复兴与发展，使经济运行与环境特色形成良性循环，促进村镇保护区焕发出新的活力[72]。

4.4.4　采用现代科学保护修复技术

国家文物局在审批保护规划方案时，特别强调积极运用科技手段，切实保护和体现文物的价值。进入 21 世纪，随着科学技术的飞速发展，要继承和发扬传统的文物修复技术，就要加强对文物修复理念的探讨，明确传统文物修复技术在文物保护科技中的重要地位和作用，牢固树立继承和发扬传统文物修复技术的信心。科技保护指的是用现代科学技术处理受损文物，用化学和物理方法消除病患，控制劣化病害。

把现代科学技术应用于文物修复领域，不能理解为一切现代科学技术手段都能直接作用于文物，否则将给文物造成无法弥补的损失。在移植和应用新技术时，要因地制宜地研究和试验不同材料、不同破坏程度的文物修复方法。要结合文物的特点，通过实验研究取得切实可行的结果后，才能用于文物。绝不能复制新技术、新工艺、新材料，不允许放弃成熟可靠的传统文物修复工艺。[73]

4.5　传统建筑修复技术的可行性

我国传统民居大多以聚落形式出现，具有明显的地域性和时效性。横向上，每个地区都有当地的建筑材料、传统工艺和技术手段。由于交通落后等原因，相互沟通的力度不大；纵向上，各地区、各民族的施工技术适应性逐步提高至成熟。随着时代的发展和科学技术的进步，从建筑材料到建筑维修技术都发生了巨大的变化。因此，为了保护村镇的整体风貌和优秀的传统建筑技术，有必要将传统与现代相适应的建筑技术体系进行整合，以便更好地传承优秀的村镇文化。

4.5.1 建筑修复的介入等级

每一个保护项目中，可能同时存在许多介入视角。通常情形下有七个角度，分别是：预防恶化（间接保护）、原址保护、加固（直接保护）、恢复、复原、复制、原址重建。

1）预防恶化（间接保护）

预防是通过控制环境因素来实现对遗产的保护，防止对象被破坏。必须通过定期检查及完整的维护程序来实行预防措施。

预防措施包括控制建筑内部的湿度、温度和光照，以此来防止自燃、人为纵火、盗窃等破坏行为，同时进行清洁工作和有效的整体管理。减少大气污染和交通运输引起的震动非常重要，地面沉降也必须得到控制，特别是针对地下水的抽采作业。

总而言之，对传统建筑进行定期检查是预防其进一步破坏的基础。如日常维护、清洁、有序的管理和适当的辅助措施。

2）原址保护

原址保护的目的是保持遗产现有的状态，必要时加以修复，以防止更大程度的破坏。原址保护为了保持建筑结构稳定，需要防止因为水、化学试剂和各类型的害虫以及微生物对建筑造成损伤和破坏。

3）加固（直接保护）

加固是将胶粘剂、支撑材料等添加使用在文化遗产结构上，以确保其持久的耐久性和结构完整性。当建筑结构的承载力不足以应对将来可能发生的危害时，可能需要对原有材料进行加固。在加固的同时，必须保证结构体系的完整性，并对其形式进行保留，不能使历史遗留的痕迹消失。因此，我们需要先了解历史建筑如何成为"空间环境系统"，才可以更好地引进新技术，才能为文化遗产提供更适宜的环境，并及时进行调整来满足新的功能。

4）恢复

恢复是以恢复建筑对象的原始概念或者可读性为目的。而对于细节特征的恢复与重新整合，是以对考古证据、原始材料、正本文件、原本设计的尊重为基础的。必须将丢失或腐烂构件的更换与原件构件的仔细检查区别开来，以此来防止伪造历史或考古证据。从某种意义上来说，对建筑物进行清洁也是恢复的一种形式，而更换缺少的装饰要素则是另一种。必须尊重传统建筑修整和恢复期间的各个状态。任何的补充都应当被认定为一个"历史文件"。

5）复原

让建筑一直保持使用是最理想的保护方式，在这一过程中常伴随着现代化的适应性改变。将建筑复原为最初的使用功能可以保证最小程度的功能替换，而建筑物的适应性使用，就好比威尼斯利用中世纪修道院改造为临时学校，或者把18世纪的谷仓改成家庭住宅，这成为建筑经济性与历史性良好交融的新途径。

6）复制

对既有的人造物进行复制，替代部分常见装饰的腐烂缺失的部分，以此来保持其美学和谐。若有价值的文化财产受到环境的威胁或是遭受到难以避免的破坏，可能必须将其转移到更适合的环境，以保持建筑物和现场的统一性。比如，米开朗琪罗创作的大卫被从佛罗伦萨的迪尔斯托里广场搬到了另外一个博物馆，以此来保护其免受天气影响，却在广场上放置了一个复制品，威尔斯大教堂和斯特拉斯堡的雕塑也进行过相似的替代。

7）原地重建

使用新材料重建历史遗迹和历史建筑，大部分情况是因为经历了地震、火灾或战争等毁灭性灾害。在恢复的过程中，重建一定要根据准确的证据和文件，而并不是猜想。将建筑直接搬迁至另一处也许能减少修复成本，但这将带来重要文化价值的缺失，同时还会引发不同的环境风险。阿斯旺高坝、埃及阿布辛贝神庙就是典型的例子。[74]

4.5.2 建筑修复材料选择

石材是人类历史上最早的传统建筑材料。石材具有储量丰富、分布广、抗压强度高、耐水性好、耐久性与耐磨性优秀等特点。石头建筑曾经在西欧很流行，比如法国的凡尔赛宫和巴黎圣母院。由于石材密度高、自重大、墙体厚度大，建筑面积利用率降低，但可以作为高档建筑的标志，营造出独特的艺术效果[75]。

木材作为一种传统的建筑材料，具有重量轻、强度高、外形美观、加工性能好、可再生、可回收、绿色无污染等特点。木结构建筑往往具有良好的稳定性和抗震性能，自古以来就被广泛应用于建筑营造中。我国五台山南禅寺和佛光寺的一些建筑是典型的代表，单体建筑坡度平缓，屋檐深远，斗栱比例大，风格庄重朴素。然而，木材在建筑应用中也存在缺陷，木材易变形开裂，易霉变腐烂，易燃烧，影响木材的使用质量和耐久性[76]。

黏土砖和瓦是一种人造建筑材料。长期以来，普通黏土砖和瓦一直是我国住宅建筑的主要墙体材料。黏土砖、瓦具有砌块小、重量轻、施工方便、造型规整、承重、保温养护、立面装饰等特点。它在为人们创造生活空间的建筑活动中发挥了重要作用。紫禁城是黏土砖和瓦应用的典型建筑代表，紫禁城外墙装饰使用的形状规则的黏土砖和瓦使其具有良好的艺术效果。然而，黏土砖和瓦的原材料是天然黏土，它的烧制是以摧毁良田为代价的，这导致其逐渐被其他材料所取代，但它们在人类建筑史上的地位永远不会被抹去。

石灰具有塑性强、硬化慢、硬化时体积收缩大等特点。它数千年的使用历史足以证明人类对这种材料的信任和依赖。到目前为止，石灰仍然作为一种重要的建筑材料广泛应用于各种建筑工程与建筑材料的工业生产中，如室内涂装、混合石灰砂浆制备三合土等。

石膏作为一种古老的传统建筑材料，具有原料丰富、生产工艺简单、生产能耗低、吸湿性强、价格低廉、无环境污染等优点。

中国村镇是农业社会发展的产物。在当地获取天然材料，利用当地资源生产建筑材料是传统建筑材料的特点，如天然材料、石头、木材、原土壤、植物油、矿物材料、植物纤维、人造材料、砖瓦、石灰、金属制品、人造漆等。

4.5.3 建筑构件修复技术

1）保持装饰造型和纹样的真实性

事实上，普通游客和居民并不会从学术角度研究建筑构件甚至建筑本身的历史真实性，但大量相同或明显的谬误将导致公众怀疑甚至抵制。根据古镇建设总体规划，如张中丞宗祠、范文正宗祠未在原址修复，建筑造型与街区整体风格一致，大部分构件形式和类型统一，这是可以理解的，但一些重要的装饰构件过于相似，材料和工艺处理简单，反而给观者一种"以新换旧"的假象。以这两座祠堂为例，由于历史悠久，原来的门枕早已不见了，现在的门枕又重新制作，两者都是抱鼓石式样。两座祠堂之间的空间距离很近，即使是普通游客也会怀疑修复结果的历史真实性；其次，两组抱鼓石的图案都是双狮戏球的做法，这在其他方面经常使用。江南常见的"三世戏酒"寓意三狮戏球图案，其他的卷草纹做法非常粗糙，不符合祠堂造型和传统审美要求；此外，尽管这两组抱鼓石在技术上也采取了做旧，但加工过程很粗糙。虽然它们故意留下长期受损的裂缝和缺失的图案，但它们缺乏风雨侵蚀的沧桑感。相对而言，黄斗南先生祠堂的修复案例是比较成功的。门枕应该是石座的形状，但也不见了。目前，石座是从其他祠堂遗迹中移来的，虽然不是原来的，但图案造型在江南祠堂中很常见，在规模与新旧上与修复后的祠堂建筑非常协调。因此，不仅是建筑，构件修复的历史追溯考据也十分重要，尤其构件本身尺度较小，具有一定装饰意义，造型和纹样修复的真实性可能成为考评项目文化遗产保护真实可靠性的重要因素。

2）运用现代技术的科学保护修复

在中国古建筑修复领域，关于新材料和新工艺在修复实践中的应用一直存在争议，导致了两种极端倾向：一种是过分强调修复结果应完全忠实于原始外观，完全抵制使用新材料和新技术，事实上，该方法只适用在个别领域具有特殊历史意义的建筑修复；另一个趋势是以现代工业生产的方式修复古建筑，主要是为了商业和旅游业的发展。例如，过度使用各种合成材料，如水泥和树脂。修复结果的真实性和效果也值得怀疑。以中国古建筑修复为例，由于传统的斗栱制作非常耗时、费工，近年来很多古建筑修复项目都会采用混凝土翻模批量制作斗栱。由于木材和混凝土材料特性的差异以及荷载问题，斗栱座和混凝土垫的尺寸会有很大差异，导致斗栱构件的规模不平衡，这种修复可以说是对传统文化的篡改和亵渎。同样，惠山古镇的门枕等部件的维修也存在这样的问题。一些低级的祠堂门枕，特别是石座形式的门枕，也是用仿石混凝土制成的。只是外观相似，实际比例与洞口比例不平衡，图案装饰采用混凝土模板，没有雕刻的魅力。

4.5.4 施工组织方式

韩国、日本和澳大利亚等国在这一领域有深入的研究，为了保护明治时代的文物，日本在名古屋建立了"明治村"露天博物馆[77]。在具有明治时代特征的建筑遗产搬迁前，对传统建筑的施工工艺进行详细研究，并结合相应的修复技术手段，对传统建筑进行集中保护，从而形成一定规模的"明治村"露天博物馆；其次，相关研究还涉及丹麦奥斯夫宅的迁地保护和恢复。此外，为了改善埃及农村恶劣的生活环境和文物保护，埃及相关部门聘请哈桑·法赛对新古尔纳村进行规划设计。在新古尔纳村的设计中，他放弃了标准的住宅建筑体系，采用了传统埃及建筑形式。在施工过程中，他组织村民自建，提出"户主工匠制"和"服务型培训"的理念，组织村民向工匠学习黏土砖的制作方法，并与工匠、设计师一起建房。村民学习施工技术后，可自行修建其他房屋，省去了施工队的干预，节约了施工成本。哈桑·法赛认为，穷人的住房问题可以通过采用适当的施工技术和小组合作施工方法来解决。他的理论和实践对近几十年来乡村建筑的研究和实践具有一定的指导作用。他的"三位一体"建筑观，肯定了建筑技术的价值、尊重传统建筑，因此一直受到赞誉。

4.5.5 技术环保性

传统建筑材料的发展存在三大瓶颈：不可再生资源消耗大、能源消耗大、生态环境污染严重。传统建筑材料高度依赖不可再生资源，在生产过程中消耗大量能源。因此，有必要对传统建筑材料进行生态化改造。目前，根据我国传统建筑材料的发展现状，提出了传统建筑材料生态化改造的必要性，并通过分析认为进行生态化改造是可行的，而发展生态建材是实现可持续发展的关键。生态建材又称绿色建材，是指健康、环保、安全的建筑材料。它们在世界上也被称为健康建筑材料或环保建筑材料。他们关注建筑材料对人类健康、环境保护、安全和防火性能的影响。该产品性能好，资源和能源消耗少，对生态环境污染小，可再生资源利用率高。从设计、生产、使用到回收利用的整个生命周期都与生态环境相协调。传统建筑材料的生态化改造是指传统建筑材料在原材料选择、产品制备、使用和处理过程中的生态化改造。它包括以下几点：原料获取、生产能耗、配置过程、使用与循环利用（表4-2）。[78]

传统建筑材料生态化改造   表4-2

生态化改造	内容
原料获取	尽量减少使用自然资源、建筑废渣再利用，符合可持续发展的自然属性定义
生产能耗	采用低能耗制造工艺和无污染生产技术，符合可持续发展的科技属性定义
配置过程	尽量不使用对人体有害的有机化学品，符合可持续发展的经济属性定义
使用	提高室内环境质量，且具有多样性，符合可持续发展的社会属性定义
循环利用	可以回收利用、可持续生产、低成本、污染少

4.6 传统建筑保护与发展策略

面对人类聚居和历史村镇的生长性，我们知道这必然与自身的历史风貌和文物保护相冲突。因此，我们应该确定的保护思路应该是保护历史村镇的建设逻辑，使历史村镇建筑更新与建设遵循逻辑规律，告别过去的静态保护模式，在保持原汁原味的同时保持发展与适应。

4.6.1 建立合理有效的法律法规

完善的法律法规不仅是村镇建筑有序保护的保障，也是保护村镇建筑的有效手段。目前，我国对村镇建筑的保护越来越重视，相关法律法规不断完善，但许多地方保护法规仍存在许多不足。村镇古建筑的保护需要一个全面、系统的法律法规，同时还要加强村民内部的自律，让村民从内心深处保护好传统的村镇古建筑。现在，保护传统村庄已被纳入乡村振兴战略计划，面对村镇古建筑保护中遇到的问题，可以看出，迫切需要一部全面、

图 4-12　古砖墙

有针对性的村镇古建筑保护法，使村镇古建筑的保护能够有法可依（图 4-12）。[79]

4.6.2 重塑特色村庄风貌格局

《国务院关于促进旅游业改革发展的若干意见》（2014）中明确指出"推动乡村旅游与新型城镇化有机结合，合理利用民族村寨、古村古镇，发展有历史记忆、地域特色、民族特点的旅游小镇，建设一批特色景观旅游名镇名村"。可见党中央、国务院对文化遗产特别是地方文化遗产的保护给予了前所未有的重视。村镇传承着中华民族的历史记忆、生产生活智慧、文化艺术结晶和民族地域特色，维系着中华文明的根基，寄托着中华民族儿女的乡愁。

如果我们仅从个人的角度考虑这些古建筑的保护，这些古建筑将失去其独特的文化价值。因此，将村镇古建筑的保护纳入政府的总体规划，对古建筑的保护有

图 4-13 永州市上甘棠村

着良好的影响。在实施古建筑保护的过程中，既要注意保护其特色，又要加强与村镇古建筑的关系。例如，村镇的古建筑可以串联，游客在游玩过程中可以采用联票的方式，不仅让游客游玩更加方便，增加了游客的游玩体验，同时，由于村庄古建筑之间的相互作用，也吸引了更多的游客。政府要在村镇古建筑保护中发挥主导作用，注重资源整合，积极调动社会各方面的积极性，加强古建筑的保护和管理。在发展村镇古建筑文化和历史时，应根据不同的情况制定不同的规划，使每一座古建筑都能形成其独特的发展趋势（图 4-13 ）。[79]

4.6.3　完善建筑系统性分等级保护机制

根据《中华人民共和国文物保护法》第十三条的规定，国家文物局应当选择具有重大历史意义的文物，省、市、县三级文物保护单位的艺术、科学价值，确定为国家重点文物保护单位，或者直接确定，报国务院批准公布。全国重点文物保护单位的保护范围、记录和档案，由省人民政府文物行政部门申报，自治区、直辖市报国务院文物行政部门备案。国家重点文物保护单位不得拆除。需要搬迁的，由省、自治区、直辖市政府报国务院批准。

历史建筑的保护一般分为"指定"制度和"登记"制度。前者是文物类建筑的保护制度，后者是准文物类建筑保护制度。目前，我国一般只采用前一种方式，而欧美等国家大多采用两种双重并存的保护制度。"登记"制度有效地拓展了现代建筑保护的概念和范围，将保护对象从单一指定的重要保护类型扩大到对大量多样的官邸建筑乃至历史街区环境的整体保护；将保护模式从单一的冻结固定保存发展到全面、灵活的历史街区环境保护和再利用，将规划管理从静态、消极干预模式转变为动态、积极引导的多方参与模式。[80]

4.6.4　提高建筑修复的科技水平

保护村镇传统建筑意味着保护传统建筑和中国传统文化的原貌。在进行村镇传统建筑修复时，要充分认识传统建筑与一般建筑修复的区别。在建筑的修复中，最重要的是保证其完整性。修复后，建筑表面和内部传达的含义应与修复前一致。所有这些工作的前提是要有正确的科学依据和理论指导，查阅正确的历史文献和有关报告，查阅有价值的测量数据和分析报告。为了更好地开展古建筑修复工作，我们应该充分掌握和运用它，结合各学科的知识，再结合现代先进的科学技术，提高古建筑修复的准确性。与传统技术相比，现代科学技术具有许多传统技术无法超越和替代的功能。其独特的技术特点可以使对古建筑的精确判断和测量更加全面、准确、直观。计算机中的许多功能为古建筑的修复带来了便利，如数字近景摄影测量技术、三维激光扫描测量技术、虚拟现实技术等。即使现代科学技术具有许多传统技术无法实现的功能和技术高度，也不应以此作为取代传统技术的理由。它应该与传统技术保持平等，相互促进，相互补充。[81]

4.6.5　加大建筑保护资金投入力度

在我国，文物保护意识还没有渗透到社会的各个层面，传统建筑的保护资金主要依靠政府。然而，目前的资本投资远远不够。政府应该增加投资，社会也需要筹集必要的资金。保护传统建筑是每个人的共同责任，利益也是每个人共享的。因此，推行政府主导、社会资金参与的传统建筑保护模式十分必要。这样，工作人员就可以更好地跟进，更好地保护传统建筑。[81]

◆ **思考题**

1. 简述村镇传统建筑保护的意义。

2. 简述村镇传统建筑保护的模式。

3. 传统村镇建筑保护规划中的建筑分类方式有哪些？并详细说明。

4. 传统村镇建筑保护的原则是什么？

5. 列举几种常用于传统村镇建筑的修复材料。

6. 简述传统村镇建筑保护与发展策略。

第 5 章

村镇传统建筑
文化与技艺传承

5.1 村镇传统建筑文化传承

村镇传统建筑的建设是在村民的规划下进行的，其设计受到设计师构思和水平的制约。人类社会存在的本质是人类的思维活动，地理、气候和社会环境的差异不仅决定了设计师思维的差异，也决定了设计结果的差异。然而，作为一种文化积淀，相对稳定的概念形式本身就是一种社会存在，它不仅会反过来影响人们的社会生活，也必然会影响设计师的设计过程。从新石器时代文明的曙光到明清封建社会，中国古代社会是一个历史变迁的过程。因此，影响建筑活动的概念形式在各个阶段也处于变化和发展的状态。有两个问题需要我们探讨：一是相对稳定的社会文化意识作为一种思想形态，是怎样影响甚至决定着古代建筑设计的结果；第二个问题是这些影响如何转化为建筑规划和设计的过程。

5.1.1 村镇传统建筑中的哲学观念

哲学作为一种思维方式，也表现在建筑的各方面。实际上，不论是关于天地阴阳的宇宙观，还是表达人与自然关系的环境观与生态观，或是中国传统的风水思想等等，都是哲学范畴的涵盖。中国古代建筑中的哲学思想，在人与自然的关系问题上表现得比较多，例如天地祭祀、风水观念、园林艺术等。这些方面恰恰也是中国建筑中最具特色的部分。[82]

在影响建筑发展的诸多观念中，根本性的是天人合一的观念。当我们身处在中国传统建筑的院落中时，时常会感觉到它像万物具备的宇宙。在这个小小的天地之中，一个人始终与他最亲近的人、家、阳光、神祇等保持着近在咫尺的关系。这样的特点在传统环境中的单元其实都具备。从水泊梁山到世外桃源，传统中国人总是用"十全""齐整"这类词来形容一个合理思考的环境。通过进一步关于自然环境的具体认知以及其他更低层次的事物中序的把握，天人合一的观念逐级转化为建筑中的关系。

人对生活中可见的天然世界的认识被称为自然观。自然对于中国文化来说，包含着"自"和"然"两个部分，也就是包含着人类自身以及周围世界的物质本体部分。中国文化的自然观是将自然看作包含人类自身的物我一体的概念，人类及山、水、花、草、鱼、虫等都是从属于物样层次与地位上的，这既为确立人与自然的和谐关系奠定了思维基础，也削弱了人对自然环境应该承担的责任与义务。

环境观指的是人对周围环境因素及其相互关系的认识。在古代以农立国的生存环境中，环境观是人们通过对天地、日月、昼夜、时辰、寒暑、水火等自然现象以及贵贱、治乱、兴衰等社会现象的观察。商周时期，环境观已形成，后来概括为阴阳的一系列对立又互相转化的矛盾范畴。各种构成环境的要素既要互相依存又要有主次的属性，最典型的是关注环境中的山与水的位置。与中国古代建筑直接相关的一种哲学思想是风水。风水关注的是人与自然的关系问题，它实际上是一种中国的自然哲学（图5-1）。

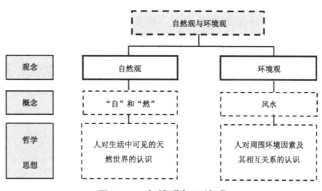

图5-1　自然观与环境观

人虽从自然界中来，却又脱离自然界，独立于其中。而人与自然相互交流的中间媒介则是建筑，建筑是介于人与自然之间的。建筑不仅是一种人工的自然对象，也是人们逃避自然的手法和工具。当人们进入建筑物时，他们避开自然，远离自然；当人们离开建筑物时则进入大自然。然而，人们不能完全脱离自然，建筑本身也是自然的一分子。人们仍然可以通过建筑物接触自然，受到影响。

风水学中认为，祖先埋葬得好，有利于子孙后代；埋藏得不好，不利于子孙后代[83]。这实际上是中国崇拜祖先想法的延伸。说到中国古代建筑中的风水，我们不禁要提到《鲁班经》[84]。大多数人可能认为这是一本关于民间建筑技术的书，实际上并不是这样，这本书大部分是关于风水的讲述。其中，"鲁班尺"是最著名、最特殊的，因为鲁班尺在过去是传统工匠必备工具中的一个。然而，鲁班尺并不是普通人认为的长度和宽度的衡量标准。它的刻度不是尺、英寸、分、米、厘米、毫米，而是用来衡量是否吉祥、是否有福的。与一般的度量规则不同，鲁班尺度量规则没有数字，只有文字。刻度把整个尺子分成八部分。其中一面有八个刻度：财木星、病土星、离土星、义水星、官金星、劫火星、害火星、吉金星；另一面有八个刻度：贵人星、天灾星、天祸星、天财星、官福星、孤独星、天贼星、宰相星，五个小刻度分布于每个大刻度的两侧，像权禄、吉庆等。用这把尺子量东西，看它的长度是否与尺子上的某一刻度相符，判断它的好运与否。在建筑中，鲁班尺最常用于测量门的尺寸，所以鲁班尺也被称为"门公尺"。例如，如果用它来衡量门的

图5-2 鲁班尺

高度和宽度，它的长度正好是财富、正义、权威和好运的尺度，那么它肯定是好的；如果尺度在疾病、出发、飞行等上，就必须调整门的大小。风水思想中充满了许多科学理论无法解释的神秘因素。然而，它对中国人的思想产生了影响，它对中国古代建筑文化产生了重要的影响（图5-2）。

5.1.2 村镇传统建筑中的信仰表达

中国古代建筑中有很多与信仰或迷信相关的因素，它们或者是建筑上的装饰，或者是建筑的构件，但最主要的文化特征却不在于建筑，而在于思想文化等精神因素。它们虽小，却是典型的中国传统文化的表现。

鸱吻（图5-3）和鳌鱼是中国古建筑屋顶上的装饰物。屋脊两端高高耸起的装饰物件是鸱吻，它的形状以龙形为头、鱼形为尾。形态上似将头部朝内咬吃屋脊，尾巴的部分上翘呈现卷曲的状态。据传言，鸱是龙九个儿子中的一个，是海中的神兽，会喷浪和降雨。因为中国古代大多数是木构建筑，最担心的是火灾，所以古代中国人将鸱放在屋顶上镇火。《太平御览》一书写着："唐会要曰，汉柏梁殿灾后，越巫言，海中有鱼虬，尾似鸱，激浪即降雨，遂作其像于屋，以厌（压）

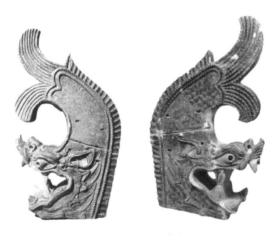

图5-3 鸱吻

火祥。"[85] 据说这鸱有一个毛病，喜欢吃屋脊，所以又叫"吞脊兽"，因此其形象是张开嘴咬着屋脊。既要靠它镇火又怕它把屋脊吃了，人们就在它的后脖子上插一把宝剑，不让它把屋脊吞下去。于是这鸱吻的脑后便有一把剑柄，只不过各地的做法不太一样。北方做法比较厚重，剑柄是用琉璃烧制的，较粗较短，比较敦实。南方的做法比较纤巧通透，剑柄也往往用铸铁做成，比较精细，斜插在鸱首背后。除了屋脊上的鸱吻，南方建筑还习惯在屋顶四角上做鳌鱼。鱼的形象也是龙头鱼尾，与鸱吻实际上是相同的含义。

门簪（图5-4）是中国古建筑大门上的一对装饰物，它本来是用作搁置大门上匾额的承托构件。由于处在非常重要而且极其醒目的位置，人们便把它当作了一个重要的装饰物。有的用华丽的雕花做成纯粹的装饰；有的将其做成阴阳八卦的图案寓意平安吉祥。

门墩，也叫门墩石、抱鼓石。它是立在古建筑大门两旁的一对装饰性石墩，本来是用来固定大门门框用的一个石构件。它横压在门槛上，大门门框插在其上，既固定了门槛，又固定了门框。伸到里面的部位承托着门板，突出在门外的部分做成一个较大的墩座，成为重点装饰的部位。很多情况下做成鼓形石墩，所以叫"抱鼓石"。这种装饰也是平安吉祥的寓意。

石敢当（图5-5）是中国古代用于建筑的一种神物，其作用是镇宅辟邪。一般用在民居的门前或主要侧面，有的用石碑雕刻矗立于地上，有的用石块雕刻镶嵌于墙上，还有的用木头制作悬挂在建筑上，但这种情况较少，大多数还是用石头制作的。石敢当作为一种建筑现象，起源于中国的风水观念。当建筑的位置和朝向有某种不利的情况，就用石敢当来抵挡。一般是建筑处在某种犯冲煞的位置或

图5-4　门簪

图5-5　石敢当

朝向上，例如建筑正对一条街巷道路的出口，或者建筑的某一朝向不吉利等，在这种情况下就要做一个石敢当，朝向不利的方向，以抵挡煞气。这种对于石敢当的信仰直到今天依然在民间有着较大的影响，在广大农村地区，很多新建的民宅仍然在使用石敢当。

门神是中国传统建筑大门上的一种装饰，在两扇大门上分别画着两位神用以驱鬼辟邪，护家镇宅。门神信仰由来已久，《山海经》一书记载，海上有一座独山，山上有一道鬼门，受神荼和郁垒两位神的保护，可以监视和处理成千上万害人的鬼魂[86]。所以人们在门上放上神荼和郁垒的神像以驱魔驱邪。这种信仰被人们传承了下来。后来门神的形象又有过很多变化，唐代以后变成了两位真实的人物，他们是唐太宗的两员虎将尉迟恭和秦琼。据说唐太宗夜晚睡眠不好，常做噩梦，梦中有鬼上门。两位将军主动担当守卫任务，果然从此以后唐太宗睡眠安好了。长此以往，唐太宗担心两位将军的健康问题，于是请人将两位将军的像画下来挂在门上，也同样起作用。久之人们都得知了此事，连民间老百姓都把两位将军的画像挂在门上驱鬼辟邪，他们就变成了家喻户晓的门神。门神虽然不是建筑本身的一部分，但是它却成为中国古代建筑一个最普遍的装饰物和文化符号，影响至今。

5.1.3 村镇传统建筑中的风土文化

中华民族具有强烈的祖先崇拜意识，祭祖自古以来就是中国的传统。从社会单位上看，家庭在中华人民心里是最重要的。因此，祠堂作为家庭的代表，必须在中国古代宗法社会中发挥重要作用。如果有人在一个家庭里结婚，他必须去祠堂举行婚礼；如果有人死在家里，家人必须去祠堂参加葬礼；家里有重要的事情时，家长召集这里的人共同讨论这件事。祠堂具有教育功能，其主要目的就是让人知道自己的"本"和"根"，所谓"报本反始"。首先是要让人感到祖先的崇高，对他感恩戴德，其次就是君臣父子的宗法伦理，这是由家及国的社会伦理体系。

中国人鲜有在公众场合社交的习惯，这就导致了中国古代的城市中一般没有广场。反而是一些少数民族聚居的城镇，少数民族有大家聚集在一起唱歌跳舞的习惯，所以在少数民族聚居的城镇村寨中，大多有广场。例如云南丽江的四方街，就是一个典型的城市广场。云南丽江是纳西族聚居的地方，纳西族有群体聚集歌舞的习惯，所以丽江的传统村落中就有了广场。湖南湘西的土家族有跳"摆手舞"的习惯，所以土家族的传统村落中都有专供跳"摆手舞"的小型广场。反而是汉族人的城镇村落中因为没有这种公众活动，也就没有这样的活动场所。

　　井虽然不是建筑，但它是与建筑、与城市、与人们的生活直接相关的设施。中国古代村镇中的生活用水大多来源于地下水，即打井取水。在今天中国各地的历史村镇中还留有大量的水井，这些古井有的已经废弃，有的至今仍在使用。另外在很多考古遗址中也发掘出来很多古代的井，它们都是古代城市建设和人们日常生活的真实记载。在一些城镇村落中水井不仅仅是一个生活设施，因为大家都到这里来取水和洗涤，久之就变成了人们聚集的一个中心，人们在此聚集聊天拉家常。有的城镇村落中比较大的水井做成三级水池（图5-6），第一级是从地下流出的新鲜水，仅供取水饮用，不准洗涤；流到第二级用来洗涤蔬菜水果等食物；再下来流到第三级，用来洗衣服和其他东西，最后再流走。大家自觉遵守规则，养成公德，同时也非常有利于对生态环境的保护。

　　所谓"风雨桥"（图5-7），也就是廊桥，桥上盖有屋顶，可以遮风避雨。风雨桥在南方很多地区都有，例如福建、浙江、安徽，再例如广西、贵州、四川等少数民族聚居的西南地区最多。而在这些少数民族地区中，尤以侗族地区风雨桥最多，这表明侗族是一个热心公益的民族。苗族、土家族、瑶族地区也都有风雨桥，但从数量之多

图5-6　三级水池

图5-7　风雨桥

图 5-8　苗族火塘

少、规模之大小、建筑之精美程度来看，都是以侗族为最。风雨桥已经不仅仅是一种交通设施，而是成了一种类似于凉亭的公益性建筑。风雨桥内部都设计有供路人休息的坐凳，不仅是过路行人，当地农民在田间劳动后休息时也可以坐在风雨桥中。

　　说到公益建筑，就必须提到侗族的鼓楼，这是侗族村寨中的一种公共建筑，一般建在侗族村寨的中心广场上，是村民们聚集的场所。鼓楼内有一面大鼓，村中有事召集村民就在这里击鼓，所以叫"鼓楼"。村民在此进行公共集会，节日里在此演戏，日常劳动之余在此休息，老人们在此闲聊家常等。鼓楼中心地面上有一个很大的火塘，冬天可烧火取暖，周围有固定的座位，给人们提供活动方便。总之，它就是一个村寨的"客厅"，平时人们一般都在此活动。

　　"堂"的产生和完善，是宗法家族制的产物。在完全的家长制形成以前，同时也是完整的庭院式家族住宅建筑形成之前，是没有"堂"这一概念的。而是有另一个象征性的东西来代表家族或家庭，这就是火塘（图 5-8）。火塘是相对比较原始状态下的民居建筑中才有的，今天在一些少数民族的民居中仍有留存，特别是南方的少数民族。火塘是家人聚集的地方，在生活方式较为原始的时代，一家人围着火塘一边烧煮食物，一边吃；冬天的时候围坐在火塘边上取暖、聊天。因此，火塘就变成了家族中人日常聚会的场所，重要的事情在此商量决定。[87] 有些地区，像湘西的苗族，将火塘神化，他们认为火塘是房屋内最神圣的区域。苗族民居大部分是三开间，如果是中国传统住宅，位于进门正中间的堂屋才是最神圣的。但传统的苗族民居却不是这样，最神圣的地方是旁边一间的火塘边上。火塘边上正对着旁边山墙的一根中柱，那一小块地方是供奉祖宗的地方，一般人不准去那个位置。家人围坐火塘边的时候，那一方也不能坐人，只能坐在其他三方。在这种传统苗族民居中，正中就不是很重要的地方了，最重要的地方是旁边的火塘。在家屋内举行的祭祖仪式的空间朝向就不是纵向的（朝向堂屋正面），而是横向的，朝向旁边房间的侧墙面。因为这一特点，传统的苗族民居中三开间的房屋中没有墙壁分隔，即在家屋内三间房屋是横向相通的。不仅如此，早期的苗族住宅中不仅没有墙壁分隔，甚至还通过屋顶内部构架的特殊处理，使房屋中间没有柱子。这些显然都是为了方便房屋内横向进行的祭祀活动。

5.1.4　地域村镇建筑文化

从建筑起源的角度，应该说中华文明有两个发祥地，分别是位于北部的黄河流域和南部的长江流域。"土"和"木"是这两种文明在居住建筑中的体现。寒冷干燥是北方气候的特点，原始时代生产力极低，住在洞穴里是最好的选择。洞穴周围厚厚的泥土和岩石将洞穴内外的空气隔离开来，有天然的隔热和保温的作用，洞里冬暖夏凉。这就是为什么在建筑技术高度发达的时代之前，人们在一些地方仍然坚持"洞穴生活"的生活方式。在黄土高原西北部的陕西、山西和河南的一些地区，人们生活至今仍在洞穴中。这个洞穴实际上是旧窑洞的延续，但它比古代更加精致。中国是一个幅员辽阔的国家，在千百年的历史长河中，各地的建筑形成了各自独特的地域特色，以致对今天的建筑设计都有着很大的影响，今天很多现代建筑师在做设计的时候还在从传统的地域建筑风格中吸取营养。然而，中国传统建筑的地域风格最重要的有南北两种，其他地域风格的样式基于这两种。北方建筑起源于"土"，是一种"土"风格。所谓"土"的样式是厚、密、厚墙、厚屋顶、小门窗。屋顶翼子板接缝翘起得比较轻，细节粗糙。南方建筑起源于"木"，风格为"木"。所谓"木"的风格轻巧精致，墙薄，屋顶薄，门窗开着，屋顶翼角翘得较高，装饰极为精致（表5-1）。[82]

地域与建筑风格的关系与异同
表 5-1

地域	气候特征	建筑风格	建筑特点	图示
北方	寒冷干燥	"土"的风格	厚、密、厚墙、厚屋顶、小门窗，屋顶翼子板接缝翘起得比较轻，细节粗糙	
南方	温暖湿润	"木"的风格	轻巧精致，墙薄，屋顶薄，门窗开着，屋顶翼角翘得较高，装饰极为精致	

　　中国传统民居的主要特征是地理特征，当地的房屋有自己的做法。从平面布置、建筑装饰、施工实践等方面看，具有明显的地理特色。关于地域文化的概念和范围划分，我们不能以今天的省、市、县的行政区划来看。千百年来形成的地域文化，并不是一条今天画出来的行政区界线就可以划分的。例如著名的"徽州民居"，"徽州"这个地域概念就并不等同于今天的安徽省，在今天，皖南的泸县、鸡西、休宁等县和在赣北的景德镇、婺源等，它们的文化是相同的，建筑风格也是相同的。与此类似，湖南的东部与江西的西部毗邻，这两个地方的文化是很相近甚至相同的，这两地的村落民居建筑风格相同，甚至连方言都相同。今天的行政区划是按照管理需要来确定的，而历史文化的地域性则是因地理关系、地形地貌的特征而形成。一种文化往往是在两座山脉之间的一条河流的流域内产生的，因为古代交通落后，人们的日常活动范围很少翻越大山，基本上被限制在河流流域相对平坦的地域范围内。在这范围内的人们互相交流密切，有着共同的语言、共同的生产生活方式、共同的风俗习惯、共同的艺术审美趣味，建造同样的房屋，制作同样的食物等，这就是地域文化。

　　住宅建筑的地理特征可以用不同的空间、不同的建筑形式、不同的建筑材料等来表达。这些差异可能是由于不同的原因造成的，包括地理和气候、生产和生活方式以及特定的社会历史原因。例如，同样是四合院，北方的四合院宽敞，院中种植物，摆着石桌、石凳，可供人活动；而南方的天井院，狭小闭塞，天井中只供采光通风，不能供人活动。这是因为北方气候寒冷干燥少雨，需要多争取阳光；而南方气候炎热潮湿多雨，要尽可能防雨防晒。西北黄土高原地区，今天仍然延续着窑洞的居住方式，尤其是一些地方采用地坑窑洞的居住方式。是因为这一地区极度干旱，少雨而又寒冷，窑洞里冬暖夏凉，基本上不要考虑防雨防潮的问题。

　　像贵州、云南、四川、广西等地区反而山地多平地少，山林茂密，气候炎热，空气潮湿。所以仍然延续着古老的干栏式民居（吊脚楼），底层架空，人居楼上，凉爽通风而又防潮。这些都是因为地理气候的原因而造成的地域性特征。辽阔的草原地区，流行的是毡包式住宅，即人们所说的"蒙古包"。其实远不止蒙古族使用，新疆的哈萨克等民族也都大量使用毡包式住宅。这些以放牧为主的民族，逐水草而居，随时都要迁移流动，于是采用这种可拆卸搬运的住宅形式。这是因为特殊的生产生活方式而造成的地域性特征。而前面所述福建、江西、广东部分地区流行的土楼式客家民居，则是因为历史上移民的原因造成的。除此之外，在建筑材料、结构技术、工艺做法、艺术装饰等物质层面和宗教信仰、居住习惯、风俗民情等精神层面上，都体现出明显的地域特征（表5-2）。

在几千年的历史中，为了适应不同的地理气候条件，以及不同的生活方式和特殊的生活条件，中国传统民居创造了各种各样的建筑形式，成为中华文明史上的瑰宝，成为中国古代建筑史上最丰富的一页。

地域与建筑形式

表 5-2

地域	造成原因	建筑形式
西北黄土高原地区	气候干旱，少雨寒冷	窑洞
贵州、云南、四川、广西等地区	山地多平地少，气候炎热，空气潮湿	干栏式民居（吊脚楼）
草原地区	随时都要迁移流动的生活方式	毡包式住宅（蒙古包）
福建、江西、广东部分地区	历史上移民原因	土楼式客家民居

5.2 村镇传统建筑技艺传承

我国传统的村镇建筑以木结构为主体，以土、木、石、砖为主要建筑材料，榫、砂浆为主要组合形式，以木构件（包括石砖构件）为主要组合方式，以模块化系统为规模化、加工生产手段。经过几千年的发展，中国建筑逐渐成为一种独特的体系和风格。在长期的施工实践中，中国工匠在合理选材、确定结构操作、构件加工、节点细部加工、施工安装等方面积累了丰富的技术经验，方法和技能齐全。这一经验通过师徒之间的"示范教学"得到了传播和改进。

5.2.1 村镇传统建筑木作技艺

木工一直是中国传统农村和城市建设的核心。随着生产资料的发展、经验的积累和技术的进步，人们加工木材的能力也随之提高。从某种角度看，木质结构的生产可以看作是木材加工技术的一种表现。从切割和加工原木到安装木材制品都有一定的过程，这种不同程度的技术在不同时期产生了相应的辅助工具，从而产生了完整的加工过程。[88] 采伐是第一个过程，包括采集木材和砍伐木材。然后，必须将木材干燥以达到相关标准才能使用。所以这是一个漫长的过程。量划是第二个过程，涉及两组过程：测量和划线。每个元素都有长度、宽度和厚度的要求，有些甚至有角度和半径的要求。测量仪器是精度的必要条件，为了加工木材，在加工前根据图纸或设计对木材进行标记，误差大小和加工质量直接关系到量划的正确性。量划的正确性不仅取决于操作员的技术水平，而且取决于工具的适用性。量划不是一个完全独立的工具，它贯通一个过程，是旧民用建筑的必要工序之一，而不仅仅用于木工，因此，本书不单独讨论。事实上，泥瓦匠使用的量划工具与木匠使用的工具相似，这些都是保证建筑质量的基本工具。第三个是制作材料的工艺。使用的工具是斧头和锯子。主要使用斧头和锯子切割木材，以获得进一步加工所需的尺寸。换言之，它们是原材料加工工具，用于生产材料。第四个是平面木操作。粗略加工的木材只能在进一步加工后才能使用，最重要的是它的光滑性。第五个操作是穿剔，木结构不是独立的，而是通过不同的单元和拉伸的节点连接起来。木材经过冷切、刺切或雕刻，其过程使用的工具被称为凿子。它们主要用于连接其他类型的构件，以及装饰木制品（图5-9）。

传统木构建筑基本上是预制装配式的营造加工模式，因此大木作、小木作的操作工序和前期的地基工程及后期的屋面、油漆工程等完全可以按序独立进行。

对于大木匠和小木匠来说，他们的工作需求大不相同。划线是小木匠最要紧的基本本领。小木匠画的线是基于两种"大面"材料，这条线只有准确地绘制出来，后面的线才得以划准。大木匠必须以线条作为标准，该线包括中心线、水平线和测量线等。对于梁、枋、柱、檩、椽，应首先划中线，然后沿中线操作。大型木结构施工放样时，除了应将水平线弹出，还需要弹出其他线条，所以弹线成为木工和建筑业的重要环节。大木匠对线条的要求还包括：不重复弹线两次，弹的力度要重，位置要准确。在传统建筑中，木匠和泥瓦匠的工作方法也有很大的不同。谚语中提到"木匠看尖尖，瓦匠看边边。"尖意指角度，屋面椅制作、大型木结构制作、刨床安装角、刀片切割等切割工具制作，家具斜面制作等都会有角度问题。除此之外还包括木工"榫结合"操作中割肩拼缝的操作质量，以比较其技术水平。

图5-9 木作工艺

榫接头的好坏不仅是一个质量问题，而且反映了木材在取样、制备和加工过程中的知识和技法水平，这些角是木工的关键。边即面，即四个独立的砖桩，阴阳交错、抹灰等是评价砖墙技术的关键。在同样的条件下，所谓的利润率成为衡量过程质量的杠杆。

江西省东北部属于亚热带季风气候带，炎热潮湿的季节是江南温和多雨气候的典型代表。以传统戏场为例，当地雨量充沛，湿度高，现场一般采用露天结构，建筑材料为砖、石、木等。戏台通常是用红石建造的，前台是用木头建造的，后台是用砖建造的。江西森林资源丰富，这些优质的木材结构是赣州东北剧场建筑的核心。目前，赣州东北部也有一些珍贵的木制梁架。例如，在位于大村庄的部分戏场，大厅的十根立柱都是南方木材制成的。木材的湿度也会影响材料的耐久性，由于水分的增加或减少，木材容易被压缩，而原材料的处理也可能导致木材中的裂缝等缺陷（表5-3）。因此，木匠必须在加工木材之前将其干燥。

赣东北地区传统戏场建筑常用木料介绍 表5-3

种类	特性	用途
杉木	分布广，生长周期短，主干通直，强度适中，纹理直，易加工，不易变形	多用于建筑的结构构件，如柱子、桁条、椽子、枋子等构件

种类	特性	用途
樟木	树径大，材幅宽，纹理清晰，木质细密坚韧，不易折断，也不易产生裂纹，花纹美丽，且含浓郁的香气，可以驱虫、防蛀、防霉、杀菌	常用于形状复杂的装饰构件，也适用于带有装饰性的木结构构件
松木	纹理清晰，较杉木硬，但易开裂，抗虫耐腐性能差	多用于建筑的草架部分
栗木	纹理直，结构粗，坚硬，耐水湿，属优质木材	用于承重的梁架，如大梁，但加工困难
楠木	珍贵木料，木质坚硬，耐腐蚀，纹理细致，变形小，易加工，有香味	一般只在宫殿等建筑中用楠木做柱梁。由于祠堂等级相对较高，戏场建筑的厅堂也有分柱梁用楠木制作
银杏木	木质细腻光泽，结构细，易加工，抗虫耐腐，不开裂，易上漆，有药香味	用于高级木装修

　　赣东北地区的台基形式包括砖砌或红石地基和柱支承空基础。万年台大多采用实心平台基础，祠堂戏台往往与祠堂入口相结合，大多采用架空平台基础。舞台前台使用四根檐柱将舞台入口分为开放式房间和辅助房间。为了获得更大的演出空间，在固定舞台面积的前提下，调整舞台框架的高宽比，通常在剧场大楼前台减少立柱并移动立柱，以确保更好的演出效果。赣东北传统戏院建筑中的柱梁枋节点技术，是当地工匠结合建筑形式和受力需求灵活创造的，具有明显的地方特色。主要分为梁方上的节点处理和梁方下的节点处理。赣东北地区的传统舞台，为了获得更大的舞台开放框架，通过增加舞台开放空间的大小来实现。为了满足支架受力要求，舞台前支撑与立柱的连接结构是关键处理部位之一，以此为例进行说明。常用的方法有四种：直接插榫；仅采用代用木或斜撑形成扁长三角，减少梁撑跨度；仅用丁头栱；替代木材和丁头栱相结合等的组合。就斗栱的使用而言，拼贴铺很少用于住宅建筑，但在戏台上使用。一般从做法上，拼贴铺与柱头铺相同，如涌山昭穆堂戏台屋檐下的斗栱（图5-10）。与普通民居不同，戏台多用歇山屋顶，墙角铺砌也较多。玉山关西村胡氏祠堂的前檐用仿制斗栱，开间单栱上有五级台阶，次间单栱上有三级台阶；虎岩古戏台的两个屋檐为牌坊式斗栱，梁撑上方的五个斗栱逐层悬挑，然后在高面和鹅颈上用晶片装饰。舞台内外的整个身体都覆盖着黄金，从整体上看，金碧辉煌，美不胜收。

　　赣东北地区的工匠们就传统建筑大型木制产品的制造和安装制定了一系列规

图 5-10　涌山昭穆堂戏台屋檐下的斗栱

则。一般程序如下：画屋样、备料、验料、定位编号、丈杆制备、构件制作、大木安装等（图 5-11）。从场景的构造来看，主墨的师傅先根据建筑的大小画屋样。材料的准备通常由主墨师傅和东家进行检查确定。对于材料的使用，包括材料的规格、尺寸和数量等，木匠师傅都会知道得很清楚，并且能够合理地运用材料，尽可能地节约。熟练的木匠师对零部件进行管理，并对零部件、图纸和木材样板作标记。特殊符号也是艺术家之间交流的语言，划线符号、榫卯类型、数字、构件名称等都是木匠师的符号。柱高、进深、开间、出檐、榫卯位置等，一般都在大杆上表现出来，以此为标准制作构件。榫卯制作前必须要检查划好的各类加工线。先用锯沿柱体四周锯切，再根据柱头线和柱脚线断开路肩。制作榫卯时，通常使

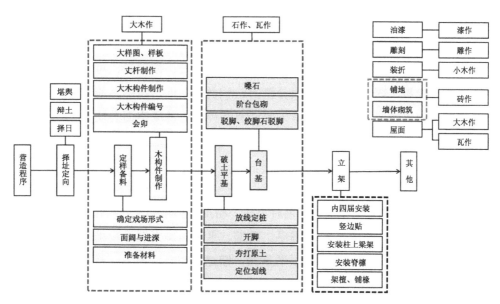

图 5-11　赣东北传统戏场建筑木作营造流程

用锯子进行加工，然后用凿子清除剩余材料，再用平铲进行修复、清洗和修整。根据设计要求组装装配好的柱、梁、支撑、檩条、底板、椽和其他大木构件的工作称为大木构件安装，也称为"垂直框架"，赣东北称为"立柱上梁"。总的安装顺序是从明间开始，然后安装次间和其他房间。所有框架安装完成后，应开始梁架安装。桁架安装一般从屋脊大架开始，依次向下安装。屋脊大架的安装应选择黄道吉日并举行仪式。整个构件安装完成后，还需要进行扶正验证，并加固榫卯。[89]

5.2.2　村镇传统建筑石作技艺

在中国古代，石材加工能力逐渐增强，石材的利用基本上由软到硬发展。一般来说，在唐代之前，主要使用砂岩和石灰岩；唐代以后，随着服务工匠制度的变化，当地的砖石业有了很大的发展，花岗岩的利用也逐渐普及，但区域发展很不平衡，南部的发展似乎比北部要快；明朝中后期以后，建筑工程中使用的花岗岩等硬质石材更受欢迎，也更耐用。[90]

总之，随着科学技术的进步，我国古代石材加工技术在西汉中期以后发展迅速。从南北朝晚期到隋末唐初，基本成熟，到宋代基本定型。由于石材加工难度大，方法相对简单，刀具在工艺上的进步也不大，主要体现在刀具刃口硬度的变化上。

随着人们对石料加工能力的提升，传统民居对其利用范围也在不断扩大。以下将村镇传统石作工序分为四个部分分项进行介绍。

1）开采工艺

石头通常是从山岩中开采出来的。低硬度的岩石，如砂岩，可采用凿—楔断裂法开采。楔裂法同石材的人工大分割方法相类似，即传统的片裂技术，早在原始社会就已为先民掌握。采石，首先要注意选择良好的凌空面有明显的断层和裂缝时，可以直接利用其创造出凌空面，然后才能开采岩石。

2）加工工艺

根据石材加工的最终结果，有两种方法：粗加工和精加工。粗化、刺毛和一般凿毛属于粗化范围；斧头砍、花锤砸、精磨、平磨、抛光属于精磨范畴。根据石材毛坯再加工的工序，主要包括以下步骤：修边、粗打、凿毛、斧劈、抛光和特殊加工。除特殊的要求外，坯料一般为方料。修边回收是对不规则废料的边、角、面进行粗修回收，使其大致平整；粗加工是石材加工的基本操作，它是在切边和废料的基础上进行的。作业时可将顶面、底面及两侧凿成基本平整；鏨凿是一种密布凿痕的相对较细的加工方式，遍数越多，表面加工越平整，多者可达三四遍。沿平边、粗糙面依次进行，力平衡，凿点大小、深度基本一致；剁斧是石材的细加工，操作时双手或单手握斧柄，在加工面上按顺序均匀地轻轻击打，使表面看起来平整；磨光是石材加工的高级形式，有粗磨、细磨和抛光三道工序，在每次磨光过程中，都应随时加水，使加工后光滑明亮（表5-4）。

石材加工工艺 表5-4

方法	范围	具体流程
粗加工	粗化、刺毛和一般凿毛	在切边和废料的基础上进行，作业时可将顶面、底面及两侧凿成基本平整
精加工	斧头砍、花锤砸、精磨、平磨、抛光	沿平边、粗糙面依次进行，力平衡，凿点大小、深度基本一致。双手或单手握斧柄，在加工面上按顺序均匀地轻轻击打，使表面看起来平整

3）砌筑技术

石材砌筑技术也有许多讲究。所有石材砌筑前应挂通线，即按设计尺寸拉线后，按线安装砌筑。在石头就位之前，可以适当地铺设砂浆。砖块和其他垫层应事先垫好，以便散落后能撬到位。石料放置完毕后，应按线路找平、找正、垫稳。如果不是水平的，应使用垫石解决。石材砌体有两种：干砌和砂浆砌体。干砌仅依赖于石块之间的接触面。砂浆砌筑包括石灰砂浆、糯米汁石灰砂浆、石灰烧黏土砂浆、石灰水泥混合砂浆和水泥砂浆。石灰砂浆是以消石灰和黄沙按一定的比例配合而成，起填充胶结作用。有少量的老石拱桥用桐油石灰，或石灰砂浆加牛血、加明矾等，其作用不够明确。石灰砂浆加糯米汁是中国石工由来已久的做法[90]。《唐六典》："南河石工后槽，例用三合土，系以灰、土及米汁捣成。"考古出土的一些古桥中挖出的胶合料"呈淡黄色，湿润、韧性、坚固。用铁钻敲打也难深入，中间夹有白色的颗粒。白色部分用指甲可以挖除。"为使石材更为牢固，还可使用铁件加固、灌浆加固等方法。灌浆前应勾缝，如果石块之间的间隙较大，则应使用石灰砂浆涂抹大接缝；如果接缝很细，则应使用腻子或灰泥。灌浆应从灌浆口进行，灌浆开口是石头适当位置一侧的预留间隙。灌浆完成后，在此位置安装砖块或石块。灌浆一般至少分三次灌，第一次应较稀，以后逐渐加稠，每次相隔的时间不宜太短。

以阿坝州藏族碉房石作技艺为例，阿坝州藏族石砌碉房以石木结构为主要结构方式，石材、木材以及黏土是这类建筑的基本构筑材料。墙体的石材一般为花岗岩，这是由于阿坝州一带多山，盛产这类石料，因此多用在建筑上。这类花岗岩的强度和抗压能力都十分优良，是当地居民砌筑墙体时的最好材料。石作技艺中也会使用到木材，其一般是起到加固和拉结的作用，对于木材的具体类型没有特殊的要求。同时，有些砌筑会使用到当地的黏土作胶黏剂，黏土和水以一定的比例混合，起到黏合作用。但随着现代建筑技术的发展，水泥逐渐代替了传统的黏土，使得建筑更加牢固。

阿坝州藏族碉房在施工开始之前，先需要邀请到专业的木匠和石匠，同时在农忙结束后，村中的远亲近邻也会来帮助户主，共同修建房屋。藏族宗教观念较强，在施工正式开始前，会请活佛和喇嘛到场，进行祈福的仪式或者法会，寓意平安吉祥，祈愿施工的平安与顺利。碉楼营造的第一步是地基的处理，石砌碉房的基础属于条形基础。藏族石砌建筑的地基深度会根据周围环境条件的不同，分为两种基础的处理方式。第一种情况下，在山坡上建造的住宅一般不挖深基坑，通常清理表土，露出硬石层，凿平，然后开始砌筑；另一种是建在平坦地区的建筑物，地基的布置由层数来决定，一般基槽宽约 1m，深度在 0.5~1m 之间，层数更高时地基的深度也会随之加深。构筑方式根据建造过程中所使用的石材种类可分为三种。第一种是整面墙体都由块石砌筑，或块石与片石相结合的砌筑方式，因为片石与块石的形态非常相似，只有大小和厚度有一定的区别，给人感官上二者非常接近，因此砌筑的墙体表面非常平整。这类建筑的墙角所用的石块体积较大，收分十分明显，整个建筑的形象显得非常大气；第二种是卵石和片石进行混合的砌筑方式，这类建筑对材料的要求不是很高，部分地方需要黏土进行黏合，整体立面较为杂乱，效果相对差一些；第三类主要是由卵石和碎石砌筑而成，这类砌筑方式砌筑的墙体强度不高，且操作难度较小，整体造价较低，同时石块之间的结合需要用到胶粘剂，因此这类建筑一般不用来住人，主要应用于仓房、牲畜棚或围墙。[91]

5.2.3 村镇传统建筑土作技艺

村镇传统民居的土作技术成就主要有夯土版筑技术和土坯。在古代，大量的军事工程、建筑工程都是用夯土版筑技术来解决的，如长城、城墙以及春秋至秦汉之际盛行的高台建筑。土坯是自然材料向人工材料过渡的尝试，可用来建造墙体、楼阁、塔及台子。古代民间的土作技术是一直延续的。

采用夯土加固地基时，可以增加地基整体性，提高抗压强度，保证建筑物的稳定性。夯土还广泛用于古代农业水利和国防工程。版筑是指在夯实前，用平板或椽子将土壤的外围围起来，以防止土壤在夯实过程中散落和开裂，然后土壤可以被分片或分段夯实。夯土版筑在北方、中原以及西北地区，至今仍很适用。版筑墙，农村称为打土墙、板打墙、椽打墙、杆打墙、干打垒等，其特点是保温性好、坚固耐久又可承重，省木省砖，但不宜开窗。版筑适合有一定厚度要求的墙体，其技术核心是用板或椽子限制压实土的周围，从而精确控制压实土的体积。造板工具包括墙板、椽、插杆、柱、横杆、大管、拾筐、扁担、簸箕等。根据使用的模板类型，版筑分为两种类型：椽施工法和板施工法。《事称绀珠》中记载："桢干，植木以筑墙"。"桢"是建造倾斜封闭墙的端模，其形状与墙的截面相同。"干"通"杆"，是一种圆木，用作墙体的侧模，宋代称为"膊椽"。将框架置于两根杆之间，用草绳将对侧连接绑扎牢固，填实后，切断草绳，将向上移动，绑扎牢固后再夯实。每个夯实层称为"步"，逐渐向上移动到所需高度，即形成墙。然后将一个桢移到一边，用建成墙的一端替换另一个框架，并继续逐个夯实第二面墙，直到达到所需长度。"版"是路堤施工的模板。《尔雅·释器》中记载："大版谓之业"，《说文解字》中记载："筑，捣也"，即用人的力气将它捣实。两块侧板和一块端板组成板墙施工模具，另一端增加活动夹具。侧板很长，称为"栽"（宋代称为脯板）。捣实后，拆模移动，并连续砌筑至所需长度，称为第一个"版"，然后在第一个版上移动模板，再砌筑第二个版。第五个版的墙高一丈，称为"堵"。将板一块一块地升高，直到达到所需高度。以这种方式建造的是一整面由几个板块叠加而成的墙（图5-12）。

历史上，土坯砖技艺和夯土墙技艺同步发展。土坯可以砌出各种砌体，它与人的生活密切关联。各地对于土坯的应用和制造方法均有差异。土坯的制作工具主

图5-12　夯土工艺

要有铁锹、二齿钩、三齿钩、水桶、木模、石板、石踩子等，各地大同小异。一般制作方法如下：①选土——选土质纯、无杂质者，如纯黄土、纯黄黏土、黑黏土，并掺入少量细沙，忌有杂物。②制泥和土——经筛选过的土加水闷上，当其饱和且经过一定时间后不干燥或潮湿时，应使用铁锹反复搅拌。在施工和制造过程中，应添加选定的生土，使生土和熟土在制造前半干且粘稠。③ 毛坯模具——即用于毛坯制作的木模，可以使土坯尺寸一致。分为固定坯料和活动坯料。④ 毛坯制作——有四种方法：手模土坯、杵打土坯、水制土坯和甸泥土坯。在华北和东北有手模土坯的使用。先在场地选一平地，将坯模平放，将土装满模中，用手刮泥土使之与坯模高度相等，过一段时间将木模提出，用水洗净，再行制作。这种土坯的性能较差。杵打土坯是先在场地设置具有平面的石块，将坯料置于石材表面，装入泥土后用石杵捣打，然后打开木模取出晾干。这种土坯性能好，坚固异常，可用于抗压强度大的位置。水制土坯是在土质适宜的低洼平坦处选择制坯场地。应首先对现场进行排水和平整。当部分水分蒸发且土壤处于半干燥状态时，将其切割成块并取出干燥。这种方法在南方广泛使用。甸泥土坯是在湿草地上取坯料的方法。在选择场地时，找到有草根的平坦地面。当草地半干枯时，直接挖掘毛坯并将其暴露在阳光下。这种坯料具有良好的性能。土坯也可以用羊草、稻草、竹条和木棍加固，这可以增加土坯的抗剪和抗弯能力。土坯墙的砌筑方法有五种：全土坯填芯法（四周砖、内土坯）、半土坯墙（土坯上下夯土，俗称金镶玉）、空心墙（墙内土坯砌筑，均为空心水平砌体），土坯和砖混合墙（土坯墙部分用砖边或砖皮覆盖，土坯在中间）。土坯防水可粘贴在墙体两侧，也可将瓷砖夹在中间排成一排，并可在顶部加上一座小山，铺上砖瓦屋顶、石板屋顶等。

以湖南省浏阳市文家市镇夯土技艺为例。湖南地区夯土营造在时间选择上较为灵活，多选择在夏秋季节。由于夯土劳作对体力有较高要求，且夯筑建筑土墙最怕风雨，故时间选择上需要避开高温和多雨天气。施工前需要完成选址、选材、备料等前期工作，以便施工顺利进行。模具采用松木、杉木等韧性大、重量轻的材料，整体长约200cm，高约35cm，由"牛""牛夹签""狮头""狮头夹签""夹"等部件组成（图5-13）。夯筑之前需要先将"夹"与"狮头"通过"狮头夹签"组装起来，夯筑中先将"牛"放在合适位置上，"牛"上放置"夹"与"狮头"，再通过"牛夹签"将模具固定牢固，通过"狮头"上的吊线锤测试是否垂直，如不垂直，则通过揎板击打模具进行。

夯土施工队一般采用帮工形式，由掌夯师傅和数个小工组成，这种人员模式能够在旧时尽可能减少人工成本。一个小队由10~15名工人组成，分为铲土、运土、夯土、"打毛墙"、补墙等工种，分工明确，效率极高。以下按不同工种施工顺

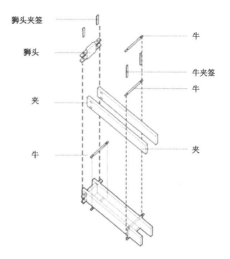

狮头夹签

狮头

牛

牛夹签

夹

牛

牛

夹

图 5-13　土坯模具

序介绍夯土工艺流程：①铲土运土，由 2~4 个工人组成。铲土工将土料铲至箩筐中，再由运土工通过扁担运送至夯土处。②夯土。模具支护时，需要先在下层土墙对应位置处用凿子掏出适合"牛"大小的圆槽，将"牛"置入圆槽，再将模板移至"牛"上方，通过"牛夹签"将模板固定，再通过"狮头"所设铅锤观察刻线、端板中线与墙中心线三线是否重合。夯土工作一般由一人完成，掌夯师傅会在土料上踩一圈，通过自重平整土料。行锤方式先用"一"字走两边，再用"人"字走中间，最后用"一"字走中间。当一层土墙夯筑完成后，会在模具中加入两根竹筋或细木棍，混入下一层夯土墙中，目的在于增强土墙的整体拉结能力。土墙门窗处会预留洞口，并置入预制木门窗套，再将门窗两侧土墙夯筑至与窗户高度平齐。为保证窗套与上方土墙结合紧密，会在窗套上方包一层杉树皮，直接在杉树皮上进行夯筑。③拆模补墙，拆模前先将模具上方的"牛"拆下，用"牛"敲击模具两侧，以便土墙与模具脱离，之后掌夯师傅会站在模具中央，提起模具移向下一处夯土位置。此时刚拆模的墙称为"毛墙"，随后揎板师傅会站在墙头立刻用揎板将"毛墙"两侧拍实，并将夯入墙体中的"牛"拍出。待土墙拍实后，补墙师傅会用更为细腻的土料修补墙体，补墙土料需要用竹筛过滤石头，只留下沙子和土。补墙时师傅会先将土料用手套使劲涂抹至缺口处，再用木拍板拍击平整，当地称之为"打巴掌"（图 5-14）。

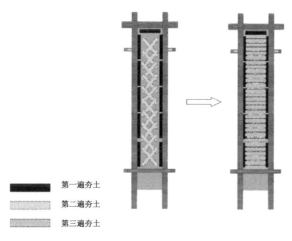

■ 第一遍夯土
▨ 第二遍夯土
▨ 第三遍夯土

模具支护

夯墙

打毛墙

修墙

图 5-14　湖南浏阳市文家市镇传统夯土技艺

5.2.4　村镇传统建筑砖瓦作技艺

砖瓦的发明不仅提高了中国古代民用建筑的质量，延长了建筑的使用寿命，而且影响了木作技术和土作技术的变化。古代砖瓦制作技术和工艺主要体现在两个方面。一是材料本身的制造过程，其质量不断提高。二是建筑工程中的材料应用，在施工中形成了一套完整的技术，如墙体砌筑、拱券做法、屋面做法、饰面工程等。

砖的分类可分为实心条状砖、空心条状砖、楔块砖、企口条状砖、企口楔块砖、空心砖、五棱砖、方砖等。砖的每一面为：陡板、长身、丁头。一般来说，墙体中经常使用的砖的外露面称为表面，抹灰面称为肋和头。根据砖的用途可分为墙砖（也可分为上下碱砖）、黏贴（装饰）面砖、地砖、栏杆砖、望板砖等。建筑瓦主要包括琉璃瓦和陶瓦。琉璃瓦包括切割瓦和彩色琉璃瓦，陶瓦包括筒瓦、合瓦（南方称蝴蝶瓦）。此外，还有一些特殊的瓦材料，用于特殊的建筑，如铜瓦、铜胎镀金瓦（镀金瓦）、玻璃瓦、云母瓦等。

北宋《营造法式》一书第十五卷的制窑制度，对砖瓦的大小、原料、成型、干燥、堆放、烘烤，以及砖窑的规格、砌筑结构等，在历史上第一次进行了科学的总结和记录。①原材料——"造砖坯前一日和泥，打造。""造瓦坯用细胶土，不夹砂者。前一日和泥造坯。""先于轮上安定扎圈，次套布筒，以水搭泥，拨圈，打搭，收光，取札，并布筒（日煞）曝"。由此可见，泥浆制备是严格的。②维护——当砖坯成型时，"皆先用灰衬隔模匣，次入泥，

图 5-15　瓦窑

以杖剖脱曝，令干"。③烧窑——"素白窑前一日装窑，次日下火烧变，又次日上水窖，更三日开候冷透，及七日出窑。青棍窑（装窑烧变，出窑日分准上法）先烧芟草（茶土棍者止于曝露内搭带烧变，不用柴草、羊屎、油机），次蒿草、松柏柴、羊屎、麻机、浓油，益黁，不令透烟""琉璃窑前一日装窑，次日下火烧变，三日开窑，火候冷至第五日出窑"。④造窑——"凡垒窑用长一尺二寸、广六寸、厚二寸条砖平坐，并窑门、子门、窑床踏外围道皆并二砌其窑池下面作峨眉垒砌，承重上侧，使暗突出烟"（图 5-15）。[92]

　　总的来说，砖作技术在民居墙体中的应用对建筑的发展产生了深远的影响：提高了墙体下部的抗雨水侵蚀能力，使建筑有了短檐；提高墙体的使用寿命；减少墙体因物理碰撞、划蹭产生的损耗；墙体的减薄不仅减少了墙体的施工量，而且降低了墙体在施工面积中的比例，增加了建筑经济效益，使硬山墙的出现成为可能。在古代，城墙是用砖砌成的，有各种形式的基础结构。战国以来，小砖的砌筑方法有：平砖丁砌错缝、平砖顺砌错缝、侧砖顺砌错缝、平砖顺砌与侧砖丁砌上下层组合式等。砌砖工艺的优缺点关系到墙体的坚固性、墙体的美观性和砖使用的经济性，包括斫砖、磨砖、灌浆、填料、粉刷、镶嵌、贴面等各个工艺环节。经验丰富的工人常说："三分砌七分勾（缝），三分勾七分扫"，可以看出，砖缝和清理是砌砖工艺的重要环节。灰缝外观一般有平缝、凸缝（鼓缝）和凹缝（洼缝）三种形式，凹缝的形式也多种多样，如燕口缝、洼面缝、风雨缝等。为了使砖墙更加稳固、完整，工匠采用了粘结材料，重要工程采用纯砂浆，其次为石灰砂浆，再采用灰砂和黄土混合砂浆。采用石灰浆与糯米粥混合作为胶粘剂，是增强黏结性能的一种较为先进的方法。

　　瓦作技术主要是屋面瓦片铺设技术，发展历史悠久。虽然古建筑的屋顶在不同的地方有不同的做法，但关键是牢固和防渗。因此，基本原则概括如下：防水与

排水相结合、整体布置均匀、相互重叠。屋面结构层一般包括：面层（瓦面）、结合层（坐瓦灰）、防水层、垫层、基层（望板、望砖、柴栈、苇箔等）。一般来说，官邸建筑手法精致、层次多，而民居则相对简单、多样。屋面瓦面铺设分为以下步骤：分中、号垄、排瓦当、铺边垄、拴线、铺瓦、捉节夹垄、清理。对于陶瓦，除了捕捉截面和夹紧脊线外，还可以包裹脊线。摊铺后，还可以刷泥浆以改善颜色。此外，在翼角、排水沟和坑角处也有一些特殊做法，用于合理排水。在一般住宅建筑中，尤其是在南方，屋脊的做法和风格更为丰富。在北方，"清水脊"以砖底线脚为主。在南方，绿色的小瓷砖大多堆砌着"片瓦脊"，上面有各种各样的花纹。

以闽南沿海村镇传统建筑砖瓦为例。闽南沿海地区传统建筑的墙体不仅具有围护作用，在很多情况下还直接承担了屋顶的重量，且具有较强的抗台风、防潮、防雨和保温隔热等性能，其构造和营造技艺也极富特色。用于墙体的砖料种类繁多，规格不一。从颜色上分，有红砖和青砖两种。红砖在厦漳泉三地都有广泛的应用，尤其在泉州和厦门一带，而漳州部分地区也有使用青砖的案例，两者区别主要是在烧制过程中形成的。闽南沿海村镇传统建筑在砖的砌法上主要有封砖壁和出砖入石两类，封砖壁即用砖封住外墙，内侧是碎砖瓦、土埚或石块等其他材料。这种里外不同料的模式，也是我国将砖料用于传统建筑墙体砌筑的常见方式，外侧砖料主要起保护和美观作用。出砖入石是闽南地区一种较有特色的墙体构造，其特点是石块、砖料、瓦片混合密缝砌筑，石块表面较砖瓦凹入约 10mm。出砖入石对砖料的尺寸要求不高，取材较为方便和灵活。这种砌筑方式通常用在规壁或院墙（图 5-16）。

闽南沿海村镇地区传统建筑的屋面瓦作，最主要的作用是遮挡风雨、保护建筑，

封砖壁　　　　　　　　　　　　　出砖入石

图 5-16　闽南沿海村镇传统建筑砖砌方法

特别是要直接面对台风的冲击。闽南村镇地区主要使用红瓦，表面不上釉，系用黏土烧制而成，与红砖烧制类似。除漳州部分地区在屋面使用黑瓦外，其他地区均使用红色瓦件。泉州一带的传统民居使用筒瓦，通过独特的"脱筒"工序，一样可以达到防水目的；仅用普通瓦件和砖料，便可层层叠砌出不同形式的、形态优美的燕尾，而不用特别定制构件。此外，在闽南也未见北方官式建筑中的"灰背"做法，据推测可能是北方地区重在御寒，而南方地区更强调水汽的散发。[93]

5.3 各区域典型村镇建筑文化与技艺传承情况介绍

我国幅员辽阔，各区域村镇建筑文化与技艺传承情况不尽相同。本文主要介绍黄河流域中原文化区、长江流域文化区、岭南文化区、西南地区宗教文化区、西北地区伊斯兰文化区和游牧文化区的典型村镇文化与技艺传承情况。

5.3.1 黄河流域中原文化区

黄河农业文明是以北方旱作农业为基础的社会、经济、文化、科技体系，并对中国历史和文化产生着巨大的影响。无论是在中国基本经济区的东西轴时代（周、秦、汉、唐），还是在南北轴时代（宋、元、明、清），黄河流域始终处于连接南北、东西的中心位置。黄河建筑文化的特征主要是，村庄选址巧妙地与周围的自然相结合，依山而建的各种民居冬暖夏凉，简单实用。优美的自然景观与丰富的人文景观相辅相成，蕴涵着黄土的民俗风情和黄河的文化内涵。这里商业和农业都很发达，多数古村落分布于黄河沿岸，依靠黄河水运的便利性，以商品的集散及贸易往来为支撑而逐渐发展起来。宗族是中国历史长河中的一种重要社会关系形态，成为中国古代历史文化不可分割的一部分，它的发展对村落的精神建设和物质建设有着不可忽视的作用。古村落是以血缘关系为纽带，带有宗教文化的烙印，在古村落里往往将体现宗教文化的建筑布置在其中心位置。典型黄河流域村镇建筑类型有以北京四合院为首的合院形式，以及就地取材的窑洞形式。

北京四合院是中国北方典型的建筑形式。传统四合院的建筑设计有着深刻的等级烙印，这不仅反映了中国的传统政治，也让子孙后代体验其中蕴含的经济和文化。中国古代的封建专制制度很严格，这可以从四合院的规模和分布上反映出来。历史上有很多记载，中小四合院是平民居住的地方，而大四合院和超大四合院被用作官邸或政府服务用房，其规模有严格的规定。如果在施工过程中超过限制规模，将受到处罚。伦理道德教育也是四合院文化遗产的一部分。北京四合院体现了儒家思想的特点，在建筑布局和建筑形式的规划上清晰地体现了等级制度，肯定了家庭、父权、夫权在家庭中的重要地位，体现了儒家"孝"、"礼"等经典思想，呈现了封建社会的伦理体系。北京四合院是一座家庭建筑，它的布局清晰地体现了传统的父母观和有序的尊卑与儒学。家庭中不同职位的人住在不同的房间里，外人、亲戚和朋友也住在不同的地方。同时，有内院和外院、主人和仆人之间的明显区别。这些功能分区具有突出的礼仪性和封闭性特点，浓缩了传统历史文化的内涵。经过长期的监管约束和施工技术的发展，北京四合院的做法相对规范，主要建筑为抬梁式和硬山式，次要房屋如耳室为平屋顶。房子的墙壁很厚，不对外开放，照明依靠朝内院的一侧，所以院子里噪声低，风沙少。室内经常有炕床采暖、隔墙（木架、钉板、外贴纸）、绿色纱布罩及各种地板罩；天花板由搁板和面层组成，搁板采用精美的木方格；地面通常铺砖，包括方砖和小砖。

黄土高原是黄土窑洞的故乡，窑洞是黄土高原的产物，是陕北民居的独特形式，也是陕北农民的象征，它有着非常独特的民俗文化和民族风情。在这里，陕北人民创造了窑洞艺术（民间艺术）。古老的黄土文化得以沉淀，从黄土高原的西部到东部，窑洞的平面和形态逐渐由简单到复杂，窑洞的构造和装饰也逐渐由粗糙到细致，这是窑洞分区的总体特征。[94] ①靠崖窑——建在山体附近，或沿山体轮廓多层布局，或沿河流发展成带状村落。因为山的缘故，它和水生活在一起。②下沉窑——黄土高原地下挖掘的窑洞村庄通过斜坡与地面相连，"上山不见山，入村不见村，院落地下藏，窑洞土中生"。③锢窑——多分布在原沟渠中，为双层院落或平房与院落的组合形式，考虑平房与窑洞不同的气候效益，实现"冬住夏住，各有优势，巧妙结合"。[94]

5.3.2　长江流域文化区

在古代，徽州是"程朱阙里"，被称为"东南邹鲁"。徽州文化以其鲜明的地方特色和辉煌的成就成为地域文化的典范，而徽州民居以其科学的环境意识、精湛的建筑技术和设计，在世界建筑艺术文化史上独树一帜。徽州民居的地域文化特色十分鲜明，尤其是作为徽州生活和文化最直观载体的古民居建筑，是在徽州文化的影响下，以明清徽商资本为经济基础形成的，宗法观念作为社会基础，是古代徽州社会历史文化的见证。徽州民居的基本建筑形式是带天井的四合院。这种建筑形式的形成深受徽州独特的历史地理环境和人文理念的影响，具有鲜明的地域特色。在古代，徽州位于安徽南部，毗邻浙江和江西，原为山岳人聚居地，地域文化相对落后。境内有黄山、白岳山，新安河、青弋河蜿蜒曲折，山川秀美，烟霞翠绿浓重，峡谷狭窄，险象环生。徽州居民崇尚风水文化，明清时期形成了完善的风水理论。徽州风水理论认为，村落的位置和布局以及所形成的地形轮廓中蕴含的意蕴和内涵，是宗族文化的象征，关系到宗族荣辱和兴衰。宗族建筑必须按照风水原则统一规划，注意群体布局和出水口建设。城市住宅建筑往往以天井为基本单元，形成院落，院落一个接一个地建造。随着后代繁衍和人口增加，建造的房屋越来越多，大家庭可以多达 36 个天井，即 36 个独立家庭。一旦侧门关闭，每个家庭都独立生活。即使在同一个村庄，各祠堂和房屋也有明显的界限。这种结构形式生动地反映了古代徽州"万人不散"的古朴民俗。一般来说，中间由中轴线对称划分，有三间宽。中间是堂屋，房间在两侧，庭院在堂屋前面。如西递古镇中的民居有两个前后厅，二至三楼有三个房间，它们也是中间大厅（前厅和后厅）和两侧的房间。前厅是男性主人接待男性客人的礼仪交流场所；后厅是妇女家庭成员开展活动和接待女客人的场所。这种对称的布局突出了"男女不同，长幼有序"的特点，严格遵循父权制家庭的孝道伦理和礼乐秩序，有序安排男女的长幼和房系顺序，创造一个具有明确优先次序、内部和外部差异以及有序的长幼尊卑的多元聚合。从徽州民居的建筑外观来看，高墙封闭，马头翘角，线条错开，粉墙黑瓦，古朴典雅，色彩朴素自然；内部结构精致，装饰华丽。建筑梁架涂有各式彩绘，雕刻品之美令人惊叹。大厅的横梁采用坚固的材料制成，气势恢宏，不同凡响。从大门塔到花门栏杆，从窗棂隔断到神龛座，从斗栱檐口到门盖，从梁架到栏杆，都是雕刻精美的。砖门盖、石窗、木柱与建筑融为一体，使建筑如诗一般精致。这些雕刻具有很强的空间装饰效果，形成了徽州民居建筑独特的艺术魅力。徽州民居内外景观的巨大反差，凸显了"财不外现"的理念。[95]

自古以来，四川就以其丰富的自然资源和肥沃的土地而闻名。成都平原之所以被称为"天府之国"，更多的是由于该地区的气候条件：四川盆地属于亚热带湿润季风气候，雨量多，四季分明，但分布不均；盆地内闷热潮湿，日照少，云量多。据记载，古蜀文化兴起于 4500 年前的新石器时代。如今，三星堆、金沙、十二桥等重要文化遗址已证实了这一点，这片土地也是中华文明的重要发祥地之一。秦汉时期，随着政治疆域的变迁，巴蜀文化逐渐开始融入中国文化，成为汉文化的一部分。由于四川地区山多平原少的地理环境条件，乡村民居大多数以散居式聚落方式布局，以此来实现生产方式的便捷性。组织布局方面，历史上一直受到中原主流建筑文化的影响，无论是乡村住宅还是城镇民居，四川居住建筑大多数采用院落式组织布局形式，以"院落小"而著称。而这种合院式的民居在平原地区以水平面发展为主，在一些山区和丘陵地区，采用院落垂直变换处理的施工方法，通过穿斗木构架的因地制宜组成理想的布局方式。外部形态的形成，则更多是由该地区的气候特点所决定的，湿热天气使人们在民居设计上运用了更多通风排湿的营建手法，如无遮挡式的敞厅，多天井的院落空间，外立面以及结构材料均采用轻巧型，使用穿斗架、木板壁或竹编夹泥墙等应对当地气候。屋顶瓦间留缝隙、地板下留空洞、屋顶檐口大出挑、山墙面披檐等构造手法亦是为了应对炎热多雨环境条件而来。[96]

　　湖南是一个多民族省份，分布在全省各地，具有共同的生活习俗，形成了相同建筑特色的湘江民居。在当地居民住宅建设中，民居的选址尤为重要，不仅要有美丽的风景，还要有良好的风水，能够储风集气。汉族传统民居选址遵循《周易》风水理论，强调"天人合一"的理想境界，充分尊重自然环境。"风水"又称"堪舆"，是古代人们的"天地观"。在民居建设中，对地表、地形、地貌、大气、土壤和方位的分析也是一个重要的组成部分，生活环境与人们的生产生活密切相关，选择一个山川秀美的好地方也是意义所在。湖南汉族地区的主导文化是儒家文化，其主要内容之一是以家庭为基本单位，围绕伦理关系展开的宗法文化。并以儒家思想为理论框架，构建其价值观和观念体系。儒家伦理的基础是注重血亲，而最高的精神观念是祖先崇拜。因此，中国传统社会宗法文化和儒家文化的重要载体是人们共同生活的村庄。在这种理论的指导下，注重物质和精神需求，兼顾科学基础与审美观念，大部分村落表现为聚居形态，布局形式多样灵活，但基本上顺应自然环境，靠山面水，整个村庄位于山川之间，整体轮廓与地形、地貌和谐统一。由于湖南汉族民居分布地区广泛，受到不同地域自然地理条件和不同民族文化、习俗影响，所以民居呈现出复杂而明显的地区差别。汉族地区的民居建筑，不论是砖木结构还是土木结构，都以封火山墙造型为特色。其中，湘南地区多用"人"字形山墙，湘中地区多用两头翘起的马头山墙。而在湘西地区，建筑造型多采用吊脚楼的形式，这种形式最适合于炎热潮湿的西南山区，底层架空，人居楼上，既防潮又凉爽。[97] 在建筑用材和做法上，湘中、湘南、湘北地区的村落民居多采用砖木结构，砖多为尺寸较大的青砖。湘东地区的民居多采用土木结构，三合土夯筑墙壁，与木构架相结合。湘西地区的少数民族民居则多采用全木结构的干栏式建筑。

5.3.3　岭南文化区

　　岭南位于中国最南端和亚热带地区，包括福建南部、广东、海南和广西桂林以东的大部分区域。作为岭南文化的组成部分，岭南建筑始终融入自然环境。

首先，乡村住宅的梳式布局和三室两廊的平面体系反映了建筑的自然适应性。广东传统村落布局虽然不仅仅是一种梳状布局体系，但梳状布局体系是最常见、最典型的。其次，宗庙和祠堂反映了建筑的社会适应性。在中国古代，祠堂是宗法权力的象征，是中国传统仪式文化的代表。血缘家庭的聚集心理和尊崇祖先的虔诚心理，要求祠堂要有一种端庄、礼貌、庄重的氛围。因此，在总体布局和平面设计中，采用了中轴线对称、尊重规则和完整性的手法，遵循"前门、中堂、后卧室"的类型体系，体现了古代家庙祠堂建筑的高度社会适应性。例如，广州陈祠按照封建礼制规定的祭祀程序和要求布置平面和空间，表达了尊天尊法的思想，祈祷祭祖能带来家庭的繁荣昌盛。其按"三进三路、九厅两厢"布置。在中间，六个庭院和八个走廊相互穿插。中轴对称，主次分明，虚实交替，形成纵横规整、清晰的平面布局。其他包括开平的余氏宗祠和三水的郑公祠。如果说当代岭南民居的布局设计对古代建筑文化的传承主要体现在建筑的自然适应性上，那么当代岭南祠堂建筑则主要继承了建筑在古代建筑文化中的社会适应性，尤其是宗法制度。[98]

土楼是指适合大家庭居住、具有突出防御功能、由夯土墙支撑的大型民用多层住宅建筑。主要分布在福建西南部永定、南靖、平和、华安等县的山区。圆形、椭圆形、方形、交椅形、曲尺形、弧形、扇形等形式构成了土楼传统平面的典范。这些土楼高超的夯土版筑施工技术是中国古代生土施工技术与当地自然和社会环境相结合的特殊产物，它是对古代生土建筑技术和艺术的继承、发展和创新。自唐代以来，随着汉族的南迁，福建、广东等地的捣固技术逐渐发展。到了明代，闽西南山区农村的房屋主要由黏土建造，采用了夯土技术并已经达到了顶峰。建造的建筑物一般有三层或四层，最高可达五层或六层。一楼是厨房，二楼是粮仓，三楼及以上是卧室。一楼和二楼一般不开窗，三层及以上的卧室才开内大外小的小窗。一座围合型的土楼只留一个大门出入，高大厚实的土墙外高层出挑，又设有多个望台，用于观察楼外动向，楼内有水井、污水排放暗沟，安装有谷砻、石春、石磨等稻谷、杂粮加工制作的工具，并有大量的柴草。土楼建造工程的施工程序一般包括基础开口、石脚、墙壁、框架、出水口、装饰等。排墙的基础是挖开地基并置入石脚，在开立地基之前，无论是方形还是圆形建筑物，建筑物的尺度、楼层和房间面积应根据地基的大小、所需的房间数量以及资金和物质资源来确定。尺度上应确定方形建筑的边长，或确定圆形建筑的半径，然后以门槛与"杨公仙师"之间的中点为整个建筑的中心，测量外墙的位置。基础施工的基坑俗称"大脚坑"，地底下的基础壕沟称为大脚，地面上的墙脚和腰墙称为小脚。大脚坑的宽度一般是小脚坑的两倍，深度根据土质和建筑地基高度确定。墙脚是用卵石或碎石砌成的，砌筑方法非常精细，即大面朝下、小面朝上、大头向内、小头向外放置卵石；大石在下，向上逐渐收分，分为内外皮，中央再填入小石块；同时还要用泥灰勾缝或用三合土湿砌，这样墙脚更加稳固，既可防潮，又不会被人从墙外撬开，对确保楼体安全、防止盗匪侵袭都有重要作用。墙脚砌成，待壁面三合土干固后，开始支架模板夯筑土墙，土楼人家称其为"行墙"。夯实第一版墙时，应使用小拍板将墙与墙脚之间的接缝敲打成角。通常，第一块墙板高 1.2 尺（约 0.4m），分为四到五层土壤。两个人站在墙垛上，反复夯实，每块墙板内应嵌入两片竹片或长约 2m 的杉木枝，作为"墙骨"；每两层土壤间应放置两个短竹片或木片，以增加其张力，并确保墙壁不倾斜或开裂。竹制支架需要先用热砂炒，直到它们变干、变老、变黄。若夯筑方形土楼，还要在转角处放置较粗的杉木，交叉固定成"L"形作墙骨，增加墙体整体性。夯筑完土墙，只是完成了一座楼的"外部"，其"内部"的立柱、架梁、铺板等木结构体系建造也至关重要。施工过程中，每当墙体被夯实至一层高度时，应在墙体顶部挖出放置地板梁的凹槽，然后由木匠开始架设木柱和木梁。这个过程被称为"献架"。其方法是将木梁的一端直接架设在外墙挖出的小槽内，另一端由内环架设的木柱支撑，内环木柱之间架设横梁，横梁上支撑几根龙骨，龙骨另一端支架在外墙挖出的凹槽内（需适当抬高，待墙体收缩后才能与楼板表面保持水平）。当土墙夯实至三层时，支撑三层的柱子应从支撑二层的柱子开始架设，并在其上架设梁和龙骨。木楼板（土楼人称"棚"）铺在龙骨上，楼板上侧刨平，铺砌好的楼板应留有收缩空间。一年后，确定楼板收缩，安装最后一块板并用竹钉固定，确保楼板紧密。当所有的墙都建好了，每层的架子都完成了，就开始架设屋顶。屋面木架采用"穿斗"与"抬梁"组合，檩条、椽子、望板置在框架梁上。土楼内部装修包括楼梯安装、楼层施工、隔墙施工、吊顶屏风安装、门窗安装、室内木装修等，由木匠完成；外部装修包括开窗、粉刷窗框及内外墙、铺设沟渠、铺设天井及走廊、安装木窗及木门、制作灶具、修复平台基础及石阶等，由泥瓦匠完成。装修大约需要一年的时间。这样，至少四年或五年，一个大型的土楼才能完成它的装饰（图 5-17）。[99]

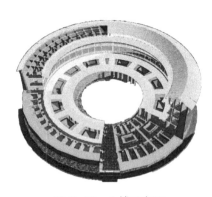

图 5-17　土楼示意图

5.3.4　西南地区宗教文化区

西南地区属于山脉高原，高原呈波涛状，山地多、平地少，整个云南境内可以说是山岭盘错。然而，在一定范围内会有一个平缓起伏的高原。高原上的大多数山顶是宽阔平坦或平缓起伏的地面，形成了一系列山间盆地，当地称为云南坝子。因此，云南有一句俗语："高山顶上路宽大"。地处西南的众多民族，存在着各种依附于自己民族的原始宗教信仰，如自然崇拜、祖先崇拜、鬼神崇拜、灵魂崇拜、图腾崇拜等。不仅如此，一些民族也有自己的传统宗教，如白族崇拜本主、纳西族信仰东巴教、彝族崇拜土主等。然而，无论何种宗教形式，宗教仪式的举行地点对定居点都有一定的影响。例如，许多民族在建设村庄时，必须首先建设各种宗教设施，也就是说，在建设村庄之前，宗教观念作为社会的一个重要因素，决定着村庄的面貌。就西南广大区域而言，高原山地聚落模式是当地独具特色的。山居是广泛而普遍的，在不同程度上都是以山地圈层为框架。该聚落主要表现为两个特征：第一，具有农牧结合的特点；第二，具有神人结合的特点。这些特征实际上是对高原山地聚落人文特征的描述。这种具有明显人文特征的聚落通常位于阳光明媚的缓坡上，前面是农田，后面是青山，周围是河水和溪流。这种人文景观不同于其他类型的聚落，它是一些空间限制因素的神化，如山神、树神、天梯、天柱和许多其他与山有关的人文意图。这些山的物质特征被赋予灵魂，沉浸在传说和经典中，构成了山的文化。彝族土掌房便是一大典型，村寨通常是顺山修建，左右之间紧密连接，前后高低错落，人们借助楼梯和搭板在屋顶上走遍全村，村寨的道路则是顺应等高线的曲折巷道。山地村寨也是西南地区最普遍的聚落模式，干栏的接地方式可能是最简单、最快捷的在不平地中营造适合人居住的水平空间的方式。因此，干栏式建筑是山地地区最普遍的建筑形态，是组成山地村寨的基本单元。[100]

5.3.5　西北地区伊斯兰文化区

阿以旺民居是指以"阿以旺"为特征的维吾尔族民居形式及其基本构成要素。其是新疆维吾尔族民居中著名的民居形式，具有十分鲜明的民族和地域特色。民居的形成和演变主要受以下两个方面的影响：一是新疆特殊的自然环境（地理、气候和建筑材料的限制）；二是新疆特殊的文化环境（多元文化交流、民族融合、宗教信仰和民族生活习俗的交替等诸多原因）。在漫长的历史演变过程中，阿以旺民居早已融入维吾尔民族的生活，民居的造型反映了当地独特的生活方式，民居的装饰语义是维吾尔族艺术情感的表达，体现了独特的审美情趣。与新疆其他民居建筑形式如喀什高台民居、吐鲁番的上屋下窑式民居等相比，阿以旺民居在结构布局上更耐风沙、耐热、耐寒，住宅建筑的内部更具装饰性和异国情调。阿以旺源于阿拉伯语，意思是：建筑的大厅或接待室，三面墙，正面敞开；在维吾尔语中，它的意思是"光明的地方"。它是介于露天庭院活动场所和封闭式室内场所之间的一种建筑形式。就像在开放式庭院上建造屋顶一样，屋顶和庭院之间有四个侧天窗。因此可以说，"阿以旺"不仅是一个封闭的室内空间，也是一个带有天窗的大庭院。它是整个民居中最大、最高、装饰最好、最明亮的大厅。[101]

5.3.6　游牧文化区

中国的蒙古族主要集中在北部高原，也分布在四川、贵州和云南。内蒙古草原地域辽阔，水资源丰富，草场鲜美。因此，从古代游牧部落到蒙古族的形成，畜牧业是当地部落生存和发展的主要途径，牛、马和羊是主要的放牧对象，当地被称为"绿色牛奶城"。而生活在西北部沙漠草原上的蒙古人一般放牧骆驼和绵羊。这种由畜牧业控制的生活状态，决定了这个民族独特的生活方式。为了适应以水和草为生的迁徙生活，蒙古族人民的居住地经常处于游牧变化之中，很少有人意识到土地概念。对于游牧民族而言，蒙古包和帐篷诞生在适时和适当的地方。蒙古人"居无所，以幕为庐"，所谓的"幕"是一个蒙古包，也就是"毡包"。事实上，蒙古包有固定的和不固定之分。虽然大小不同，但施工方法基本相同，形状简单。固定式蒙古包一般出现在半农业半牧区。例如，在内蒙古河套附近，蒙古人逐渐迁居定居。他们的居住形式是一个圆形的土木结构房屋，墙壁大部分由土壤制成，顶部由柳条、芦苇和土壤制成，这是蒙古包的一种变体。修建固定住宅主要是为了保护流沙，它们通常位于背风面和流沙泉相对较小的地方，以便在适宜放牧的季节长时间停歇。相比之下，移动式蒙古包拆卸方便的优点更适合频繁迁移的需要。其围墙呈穹顶状，为圆形凸面屋顶，一般高7~8尺（约2.33~2.67m），直径12~13尺（约4~4.33m）。四壁用柳条编织成可伸缩的网，长约2.5m，称为"哈那"。哈那被紧紧地围成一圈，形成了蒙古包的外壳，既科学又美观。包装顶部形成一个带有木条的伞形支架，称为"乌尼"。冬季用厚毛毡在外围和顶部进行单层或双层覆盖，然后用羊毛绳拉紧，有效保暖。毛毡也可以随季节增减卷起。圆形建筑平面可减少风沙阻力，穹顶下雨时不易积水，顶部中央设有圆形天窗，称为"掏恩"，直径3~4尺（约1~1.33m），晴天时保证室内通风采光良好，下雨时可遮盖封闭。此外，蒙古包家门很小，冷空气不容易进入。且组装、折叠和运输都非常方便，运输时只需要一辆牛车或两只骆驼，组装只需两三个小时。蒙古包独特的建筑形式和结构是游牧生活的产物，是蒙古族几千年生存智慧的结晶（表5–5）。[102]

蒙古包的分类及其特点 表5–5

类型	适应需求	居住形式	优点
固定式蒙古包	保护流沙	圆形的土木结构房屋	可在适宜放牧的季节长时间停歇
移动式蒙古包	频繁迁移	围墙呈穹顶状，有圆形凸面屋顶，一般高7~8尺（约2.33~2.67m），直径12~13尺（约4~4.33m），四壁用柳条编织成可伸缩的网，长约2.5m	拆卸方便，适合频繁迁移的需要

◆ **思考题**

1.村镇传统建筑在哪些方面体现出了对文化的传承？

2.村镇传统建筑中传承了哪些建造技艺？请简述各技艺特点。

3.我国几大文化区分别是什么？试举例说明各文化区的建筑文化与技艺特点。

第 の 章

———

村镇传统建筑
保护案例分析

6.1 山西古村落活态化保护更新

首先是山西古村落活态化保护更新，本节以山西省襄汾县丁村为例。

6.1.1 保护背景

在山西襄汾有一个以丁姓聚居而得名的丁村，保存了四十多处传统民居，大多是明清时期所建，目前仍有二百余个房间供村民居住。据专家研究表明，丁村中的民居最早建于明代万历二十一年（1593 年），而距今时间最近的则是民国年间，跨度有四百年之久。宅院以长辈居住之地为核心，子孙后代们通过两旁的厢房与巷道和主屋相连，构成了大型四合院聚居体。当地的自然资源十分优异，从古至今一直是理想的栖息之地，根据当地县志记载，十万年前当地便存有原始村落，当时气候宜人，森林茂盛，有大象、鹿、野马、犀牛等野兽出没，水中鱼类也种类多样，丁村人就是在这儿繁衍生息，代代相传至今。

丁村遗址在 1961 年被列为全国第一批重点文物保护单位，当地政府在原始村落遗址周边设有建设控制地带与保护范围：保护区面积约为 15.4hm²，南至上鲁村，北到柴寺村，西边靠近西尉村，东边靠近敬村。

6.1.2 地区现状

作为一个历史底蕴深厚、文化资源充足的古村，丁村自 1950 年起便由于发现大规模遗址而广受大众关注。1980 年后创办了中国首座以汉文化为主题的民俗博物馆，并将当地明清时期的村镇建筑作为展示空间。21 世纪后丁村作为山西民居的代表性村落，被列为中国世界文化遗产预备名录，旅游开发价值得到了进一步的发掘。丁村集古代遗址、村镇传统民居、非遗风情的文旅要素于一身，跻身为高品位、高知名度的传统村落[103]。

作为我国目前保存相对完整的村镇传统建筑群，丁村的民居院落大致有三大组团，北边多为明末民居，中部多为清初民居，南端多为清末建筑。院落形制为坐北朝南的合院，设有倒座、门庑、厢房、正厅等。建筑装饰美轮美奂，砖、木、石等材料用于雕刻，尤以木雕工艺最出名。丁村承载着历史文化、美学艺术、民俗内涵价值，是人们进行科学研究、旅游观赏的极佳范例（图 6-1）。

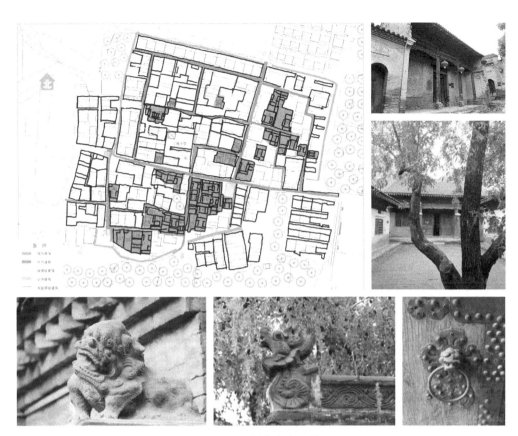

图6-1 丁村文化资源地图

6.1.3 再利用原则

1）保护优先原则

村镇旅游开发应当以保护作为前提，这是根据村镇传统民居的唯一性、不可再生性决定的。村镇复兴工作中，只有秉承优先保护村镇建筑完整性与原真性的原则，才能彰显村镇物质文化遗存与非物质文化遗产的突出特色。在旅游过程中也应当以此为要点，让游客在村镇旅游过程中领会到村镇资源的重要性。

2）原真性原则

村镇旅游开发应当明确遗产原真性。现今社会，旅游的过度商业化不可避免地对传统建筑遗存产生了冲击，为抵御当前文化遗产娱乐化倾向，应当严格控制毫无理由新建或违建的、与村镇传统建筑不协调的建筑，并在传统建筑修复工作中严格从形制、材料、工艺、功能、环境等角度确保历史信息不遗失。在对外进行民俗表演与节庆演出的时候，应当严格保证文化原真性，切不可为了短期经济利益而导致民俗风情庸俗化、媚俗化、低俗化。

3）居民参与原则

村镇旅游开发应当坚持以居民为主体。村镇居民在本地旅游开发过程中起到了至关重要的作用，他们是传统民居的实际拥有者，是村镇文化遗产的真正传承者。居民和游客的交流程度直接左右着游客的游玩体验，让居民参与到旅游路线中去，是村镇旅游健康发展的重要内容。

6.1.4 具体开发对策

1）强化基础设施，夯实"硬环境"

何谓基础设施？指的是交通网络、给水排水设施、通信设备、游览配套设施、住宿餐饮设施等。好的基础设施是丁村旅游能够顺利开展的首要条件。其一，"智慧旅游"已逐渐大热，加强丁村村域内的网络通信，使其做到全面覆盖，势必能加强游客与景区的互动行为。其二，前往丁村旅游的游客日渐增多，大量的游览人群无时无刻不考验着丁村的游客接待能力，将当地民居改造为舒适的游客服务中心是很好的选择。其三，强化丁村游览导引设施，提升丁村整体的风貌与形象。其四，高标准严要求，用全面的安全卫生标准对村内营业主体进行规范与管理，让游客们真正做到可玩、可居、可食。

2）重视科学管理，优化"软环境"

旅游"软环境"指的是丁村旅游的服务质量、相关服务人员的整体素质、景区应急安全措施、运营管理情况等。"软环境"反映出以人为本的服务精神，也是影响旅游形象的重要指标。截至今日，丁村的运营管理仍比较松散，内部工作人员缺少主动性与奉献精神，亟待加强相关内容的教育与培训。除此之外，还需强调运营过程中的安全问题、卫生问题、秩序维护问题等，竭力为游客提供优质、健康、放心、舒适的服务环境。

3）整合旅游资源，挖掘旅游产品

第一，从丁村遗址板块上进行内容挖掘，强化其作用与价值，从研学科普、娱乐活动、科研发现三个方面，整理出博物馆与遗址场地两大文旅卖点，推出特色旅游产品。比如在全面保护遗址现场不被破坏的前提下，用科学论据作为指导，建设遗址考古公园。通过设计合理适宜的动线，让原始文化贴近游客，融入公众。在完整保护遗址生态文化空间的同时，发挥其公众教育功能与社会服务价值。

第二，从明清村镇民居板块上进行内容挖掘，拓展其功能。通过合理开发的农家小院，让游客以第一视角感受纯正农家生活；通过置入旅游专卖店、创意工坊、文艺书店等业态，让游客在古色古香的建筑群中领略文化的魅力。

第三，从非遗文化板块上进行内容挖掘，活化其生命力。传统博物馆以静态展陈为主，游客在观看实物和照片的过程中难免感到枯燥，针对这一弊端，可以设置游客体验项目，以营造非遗生态空间。如设置剪纸工坊，让游客在传统剪纸艺人的指导下按自己的喜好亲手完成作品；又如制作能反映居民生活日常的影视作品、微电影等，由村民担任演员全程参与，以尽量展现出当地民俗活动的细节与特色。

4）引导村民参与，使其成为参与主体

对现今丁村村民参与度低的现状进行分析，提出以下优化措施：首先，对村民加强教育引导，扭转村民对历史建筑的错误认识，使其认识到村镇旅游资源的价值，树立村民的主人翁意识。其次，构建村民长效参与机制，如建立管理委员会，为当地村民提供参与机会，将自己的宝贵意见和想法有效地传达至其他相关利益主体。最后，公平公正进行利益分配，让居民能如实得到以房屋、地产入股后所得的相关收益。

6.1.5 保护成果

丁村从 20 世纪 90 年代始，对大量具有文物价值的村镇建筑进行挂牌保护，任何人不得私自拆建改建，由文物单位统一进行维护与修整。文物保护工作中将当地明清建筑划分为两类进行保护，第一类为国家完全收回的七处民宅院落，在联合设计后成为民俗博物馆；第二类是国家未能完全收回的民居，在进行鉴定后统一挂牌。此类保护方式有效避免了民居遭受破坏，对村落风貌的维持起到了至关重要的作用。以上最值得一说的便是丁村民俗博物馆，顾名思义即为体现民俗风情的博物馆，它与周边民居紧密相邻，所有内容都来源于村民的日常活动，有其独特的环境与文脉。如果让民俗博物馆脱离现有的环境，那么展品和建筑本体都将成为毫无生命力的空壳，失去其意义。[104]

6.2　云贵少数民族地区传统村落保护更新

云贵少数民族地区有着丰厚的文化遗产，因此对于云贵少数民族地区的传统村落保护更新意义重大。本节以云南乐居村为例。

6.2.1　保护背景

乐居村是一个山地村落，位于云南省昆明市境内，隶属于西山区团结镇。村落距昆明市区仅20km，村落选址契合中国的传统风水意向，既满足村民的日常生活需要，又提供了一定的景观与对外防御性。乐居村建于山坡之上，坐西朝东，往前便是视野开阔的田野风光，且由于古时土匪横行，村民的民居便沿着山坡向上而建，通过紧密的聚集形成一定的防御性。在村子的后山有一处水源，涓涓水流顺势往下形成了当地的母亲河——永生河，这也形成了本村面水靠山的风水格局[105]。

6.2.2　地区现状

乐居村是云南省内典型的彝族聚居村落，是全国第二批传统村落之一，在乐居村建村至今的600余年中，形成了独特的礼制系统及宗教文化，并为后人留下了丰厚的文化遗产，如村内保有的"一颗印"建筑、土主庙及少数民族歌舞文化等。当地少数民族宗教文化在历史发展过程中融入了儒、释、道三教的一些思想，反映了旧时文化大繁荣的盛况，对云南彝族文化的传承与宣传具有重大意义，也是中国文化多元性的有力表达。由于近年来村民收入水平的持续提升，及外来开发商入驻开展旅游开放的缘故，大量土著民已搬出村外，据统计现今仅有十余户村民仍在居住，如何改善乐居村的空心化问题便成为保护更新工作的重中之重（图6-2）。

6.2.3　保护策略

1）人居环境提升

完善基础设施，改善人居环境是首要之策。通过重新设计石板路来改善原有道路条件；通过增加垃圾桶、亮化设施、公共厕所等设施来提高村域内基础设施完善水平；通过增设村落出入口及标志物，修建小型停车场以方便车辆出入。以上一系列举措提升了村容村貌，提高了使用者的生活便利性。

图 6-2　乐居村文化资源地图

2）创新开发经营模式

乐居村旅游开发项目几经易主，终于在政府不懈努力下，2008 年起由云南的本地公司入场继续开发。充分听取村民意见是该公司进驻乐居村后的首要工作，公司采取老宅租赁模式，从村民手中租下老宅后承包 50 年，且一次性付清费用，租约到期后再将房屋及其他固定资产如数返还村民。在得到房产的使用权后，公司通过招商引资，将老宅租让给文创工作者，并赋予使用者较大的改造权限。在不破坏老宅整体风貌和结构安全的前提下，使用者能对宅子内部进行改造。除此之外，公司还引入不少非遗传承人与艺术家，通过个体的艺术力量对乐居村进行活化。在改造初步完成后，再借由互联网与新媒体的宣传来开拓客源，提高知名度。

3）鼓励原住民"返巢"

梁思成先生曾说过："文物建筑若不加修缮，在短短数十年间就可以达到破烂的程度……屋顶一漏，梁架即开始腐朽，继续下去就坍塌，修房如治牙补衣，以早为妙。"这从侧面说明了居民的日常维护对传统民居保护的重要性。在乐居村，开发商为减少暂未被利用老宅的日常维护成本，通过无偿居住的形式积极邀请已移出古村的原住民返回老宅继续居住，待老宅租出去后再将宅子收回。这一措施激活了村落复兴的内源动力，使村子恢复了往常的生活场景，缓解了乐居村空心化程度。

6.2.4 保护成果

乐居村原本是一个凋敝破旧的彝族村落，由于早期旅游利用方式不当，大部分村民已搬出，这导致了当地传统文化与非遗技艺的快速衰败，建筑也因缺少保护而逐渐损毁。通过合理活化保护策略与社会各界力量的帮助，乐居村逐步走出空心化，古老的"一颗印"建筑，重新舒展筋骨，美丽的乐居村成为昆明近郊20km旅游圈内一颗闪亮的明珠。[106]

6.3 辽沈地区民族特色传统村落保护更新

辽沈地区包括以沈阳为中心的辽河流域广大地区，作为国内重要的工业基地和红色地标，有着深远的历史沿革，对辽沈地区民族特色传统村落的保护更新意义非凡，本节以西沟村的传统村落保护为例。

6.3.1 保护背景

西沟村位于葫芦岛市绥中县，村落的形成与锥子山长城的建立息息相关。长城的重要关口和要道均在西沟村南侧，人们要从西沟村穿过方可登上长城，逐渐在西沟这一地区形成了人口主要聚集地。作为一个"村在长城下、长城在村中"的传统村落，西沟村毗邻锥子山长城，后者是现今保存最完整的明代长城。西沟村作为在长城脚下生长着的传统村落，具有重要的历史研究价值，同时也见证了明代戚家军驻守边关的历史（图6-3）[107]。

6.3.2 地区现状

西沟村面临着辽宁省传统民居风貌特色保护的普遍问题：第一，开发商无序建设导致村镇整体风貌与生态环境惨遭破坏；第二，区域发展模式单一，村民主体对传统文化保护的意识薄弱；第三，缺少保护资金，相关从业人才严重不足。同

图 6-3　西沟村文化资源

时在深入调研村镇保护情况中也不难发现两大普遍误区：一是未能抓住传统村镇的核心价值，对村落传统文化与精神的挖掘与保护仍不够；二是仅从外面、色彩等表层要素上寻求统一，保护工作流于表面。

6.3.3　保护策略

村镇传统建筑保护应对文化遗产的可持续性、原真性、完整性进行大力保护。对于影响村落整体风貌的新建建筑应当加以制止，对濒危的古建筑应当予以抢救与修缮。在西沟村村落活化保护过程中，应当基于产品提升、村镇保护、资源整合三大方面提出优化方案，将村镇保护与旅游开发有机结合。

1）升级旅游产品体系

在旅游开发中，应当牢牢抓住旅游人群的核心痛点。基于旅游产品调查问卷，明确了游客对于西沟村的需求主要在基础设计、村落风貌、特色活动三个方面，基于以上方面可有针对性地提出保护优化策略。

2）加大力度修建安全保护措施

在马斯洛需求层级理论中，安全需求是仅次于生理需求的重要需求。对于在外出行的游客来说，游玩的安全性是最先需要考虑的问题，在考察中发现西沟长城出现不少石块脱落的问题，在缺少安全保护手段的情况下极易发生安全事故。故在对西沟长城的修缮过程中，应当在不破坏遗址现状的情况下，通过使用安全绳索等防护措施，保障游客出行安全。

3）举办特色活动

西沟村位于明长城脚下，拥有丰富的人文自然资源，通过联合现有的摄影协会、户外协会、在西沟村定期举办相关主题活动，能显著提高村镇知名度。同时西沟村还拥有丰富的特色农产品产业，如白梨、猕猴桃、板栗等，通过成立农产品合作社、网络带货等形式，以农业文化节为活动内容，能吸引广大游客前来品尝。还应当开发具有本土特色的纪念性旅游产品，如绥中草编等。

4）遗产保护与可持续开发

传统村镇的有效保护才是一个村落开发利用的前提。针对西沟村周边长城的保护与开发，应当以保持原貌为原则，按照国家文物局相关意见进行保护，避免出现"最美野长城被水泥抹平"此类事件。同时应当设立巡逻保护人员，防止长城受到进一步损坏。西沟长城风貌古朴，长城的门框上刻满了各类吉祥图案，此类文化资源应当被详细记录，在传承民间文化的同时提高西沟村长城的知名度。

6.3.4 保护成果

村镇传统建筑是中华民族从古至今源远流长的文化载体，是具有生命力的文化遗产。保护传统村落是对中华民族传统文化的有机传承，关系着民族复兴的伟大中国梦。西沟村在不破坏传统建筑风貌与古长城格局的情况下，针对游客对村镇旅游的新需求，创新性地将西沟特色汇总归纳，形成了饱受游客喜爱的旅游产品，在对传统村落进行保护的同时，也带动了当地的文化活力与经济水平。[108]

6.4 太湖流域传统村落保护更新

太湖流域传统村落保护更新以三山岛传统村落保护与发展为例：

6.4.1　保护背景

在万年前便有原始人活动的三山岛村是一个文化古村，核心保护范围约2.5hm²，保存有清俭堂等古建筑 22 栋、古码头 6 处、古水井 18 处、古桥 2 处。这些建筑中有市级文保单位 1 处，省级文保单位 2 处，具有极高的历史价值和文化价值。

三山群岛由本岛和泽山岛等离岛组成，当地村民主要生活在本岛。三山群岛在太湖之中，距离东山镇较远，水上运输成为进出群岛的唯一方式，较为封闭的地理环境使得三山群岛很少受到外界的干扰，至今仍保有明清时期的村镇格局。三山岛村自然风光秀丽，人文底蕴浓厚，岛上保留的建筑遗存不仅承载着当地人一代代的回忆，同时也是太湖地区不可多得的传统村镇研究范例（图 6-4）[109]。

图 6-4　三山岛村文化资源

6.4.2　地区现状

一方面，由于三山岛村可供耕种的土地面积较少，且各类矿石资源匮乏，故当地并不具备发展农业与工业的基础条件；另一方面，秀丽诗意的自然风光和历史悠长的传统建筑为当地旅游行业的兴起提供了土壤。现如今对太湖风景名胜区的旅游开发已经十分发达，三山岛村借着这股东风完成了自己的产业调整：以旅游业为踏板，推动地区经济发展，促进经济模式转变。由此可见，以村镇传统建筑为卖点，大力发展旅游业是符合三山岛村客观发展规律、迎合地区发展趋势的必然结论。

自21世纪开始，以农家乐为首的产业模式在岛上蔚然成风，将农业与旅游业相结合的农家乐改变了村民传统的农业模式，形成了农家趣味与山水景观高度融合的旅游模式，切实增加了当地居民的生活收入。村民们将自宅进行翻建，发展成以鱼类、禽类、有机果蔬等作为菜肴卖点的特色餐饮和住宿。自2006年始，岛上陆续建设了环岛公路、游客码头、服务中心、停车场等配套服务设施，有效促进了三山岛村旅游业的发展。根据三山岛村提供的历史文化名村规划内容可知，在2012年当地的旅游收入便达到了3600万元，第一、二、三产业比例分别占六成、零成、四成。但高速发展的旅游产业也对当地村镇传统建筑产生了不小的冲击，新旧建筑风貌不协调、文物建筑、历史建筑、人居环境被破坏等现象屡见不鲜。

6.4.3　保护策略

在对三山岛村的各方面现状进行分析后可知，当地传统建筑保护应当注意主次关系、突出工作重点、按顺序逐步推进。第一，对核心保护地带以外、影响整体风貌的新建建筑采取暂时不拆的策略，通过长期规划，在条件成熟后进行分级整治，同时全面禁止新建风貌不协调的民居，保护历史建筑的风貌不被继续影响。第二，对三山岛村核心保护范围内的现代建筑，责令限时拆除或改建。通过对当地传统建筑风貌的控制与保护，有效延续了古建筑特色鲜明的形态特征，形成了有机的自然与人文环境。

同时，对三山岛村现存的大量传统民居实施活态化保护。当地古民居均为私人所有，部分已无人居住，其他仍在使用中的民居也因为居住条件较差而面临荒废的风险。改造传统民居，延续与活化这一承载着当地居民生活记忆的载体，是重中之重。通过将旅游资源与民居环境整合，延续建筑居住功能，切实改善村民居住条件的同时，提高游客居住使用率，让当地村镇民居不至于成为没有生气的标本。

根据实际情况对建筑功能进行优化。对于一些建筑功能已不适用于现代生活、但文化属性仍有重大价值的文物保护建筑，则是在对其外观风貌进行保护的同时，根据新生活的需要，改良和增设现代化生活设施，使其在保有历史信息的同时，赋予其新的功能。

6.4.4 保护成果

三山岛村的旅游经济离不开当地深厚的文化底蕴以及明清民居的独特魅力。在对三山岛村传统建筑遗产相关资源进行整合与梳理的同时，还应当从三山岛村区位条件中找寻提升的办法，通过和周边历史名镇名村进行横向对比，发掘出自身的独特优势，取长补短，逐渐打造出属于自己的乡村特色品牌。当地传统民居在保护过程中应当遵守原真性、整体性、可持续性的基本原则，在保护乡村文脉与场所记忆的同时，强化周边环境的协调关系。从本案例的保护过程中不难看出，传统建筑保护更新需要建立在已有的风貌环境及村落文脉关系之上，在保持历史原真性的同时，源源不断地产生延续村镇意象的新的功能空间，使村镇在新时代重新焕发活力。[109]

6.5 皖南徽州地区传统村落保护更新

皖南徽州地区传统村落保护更新以许村传统村落的保护与发展为例。

6.5.1 保护背景

位于安徽歙县西北约 20km 处的许村，是一个著名的文化村镇，处于黄山主脉以南位置，为歙北要冲。许村，在唐以前又名"任公村"及"昉溪源"，因唐朝时期大量许氏族民迁居至此后，以姓为名，称为许村。随着经济贸易的发展，明清时期有名的徽商盛行，村落也随之发展壮大，至今仍存留 100 多座古建筑。其中以许声远宅、大宅祠、双寿承恩坊、高阳廊桥、大邦伯祠、许有章宅、观亭、五马坊、观察第、大墓祠、许社林宅等罕见而独特的建筑最为著名，是我国重要的建筑、历史文化瑰宝及不可多得的实物研究资料，具有重要的研究价值。早在20 世纪，许村就成为省级历史文化保护建筑，在 2006 年许村 15 处古建筑被国务院确定为我国重点文物保护单位（图 6-5）。[110]

图 6-5 许村文化资源

6.5.2 地区现状

许村整体坐北朝南，其地理位置十分优越，靠山临谷，依山傍水，黄山、天目山、白际山环绕村落，村中水系名为富资河，是由升溪、昉溪汇合而成。村中建筑沿着河流而建，形成了独特的"倒水葫芦"景观，具有双龙戏珠之美名，具有典型的徽州传统村居风貌。村落交通发达，具有三个进出口，其中南北向的称之为箬岭官道，在古时具有联系徽州府和安庆府的重要作用，便利的交通造就了许村空间形态的开放性，这与古时大多村落不同。但是随着经济发展及对于现代技术的盲目追求，这些传统风貌遭到了部分破坏，部分老旧建筑的拆除及新修建筑与传统建筑不相协调破坏了村落的特殊美感。

6.5.3 保护策略

1）政府引导和民间自发共同促进

加大宣传力度。政府部门应充分利用网络媒体，例如微博、抖音、微信公众号等平台扩大知名度，使得更多人群关注村落景观的保护。同时注重教育、传播村落文化知识，给村民科普身边传统建筑的相关文化，标记国家级省级文化保护建筑，塑造文化相关故事，增加村落的文化性，树立村民荣誉感及主人翁意识。同时可以加大对村落古建筑维护的资金倾斜力度，在不影响村落保护的前提下发展旅游业，大幅度提高村民的积极性，使他们自发地参与到保护村落的行动中来。

2）整体控制、分区保护

谈及传统民居的文化价值，不难发现其体现在村镇选址、建筑遗存、民俗文化、整体布局、人居环境等多个方面，正是这些文化要素构成了村镇独特的整体面貌。正是由此，在对历史文化名村进行保护的过程中，要根据整体情况将其划分为风貌协调区、控制发展区、核心保护区。核心保护区内不得随意改变建筑现状，严禁建设新项目，以古建筑修复为首要任务，做到尊重原貌、力保原真性；控制发展区则需要延续村落风貌，控制建筑形式、色彩、构造做法，使其形态与传统徽州建筑相近，且高度不得超过三层；村落外围与周边山体所形成的区域则是风貌协调区，此处应当遵守不破坏村镇整体风貌，保护现有自然景观的原则。

3）科学评估、分类保护

许村古建筑目前尚存较多，是我国著名的历史文化古镇，具有宝贵的文化、学术研究价值。但由于未得到充分重视，目前村内许多建筑遭受了十分严重的破坏，尽管有部分古建筑被列入了国家重点保护名单，但是大部分尚未得到明确的保护，也未对他们进行全面的探索。针对许村大部分古建筑保护现状堪忧的局面，应实行有效的探索、评估及分类，从而实施相应的保护修缮措施，尽可能地保留许村的古建筑原貌。

目前许村古建筑可分为四大类。第一类是具有重要文化意义的文物保护建筑，例如大观亭、五马坊等，这类建筑应当极力保存，努力修复，恢复原貌。第二类则是重要历史建筑，主要是明清时期所建，具有一定的历史价值，比如江水根宅，针对此类建筑则应尽可能保护及修缮。第三类则是一般的历史建筑，主要是"民国""文革"时期所建,同样具有一定历史价值,这类建筑则是积极维修及改善。第四类建筑则是新建立的建筑,与村落格格不入,不相协调,可以适当拆除或改造,尽可能维护村落整体风貌。

6.5.4 乡村振兴和村落保护有机结合

1)激发村落活力,实现人口回归

随着现代化发展,大量农村人口涌入城市,许村也不例外,目前村内以老年人为主,人才流失严重,发展落后。针对此,如何刺激传统村落散发新的活力与生机,是目前亟待解决的问题。第一,大力发展旅游业,即乡村旅游。2015 年及 2016 年中央一号文件都提出强调,要积极开发农业多种功能,挖掘乡村生态休闲、旅游观光、文化教育价值。政府应扮演引导者,强化规划引导,采取以奖代补、先建后补、财政贴息、设立产业投资基金等方式扶持休闲农业与乡村旅游业发展。以旅游度假为宗旨,以村庄野外为空间,以人文无干扰、生态无破坏、以游居和野行为特色的村野旅游形式。结合许村古建筑文化特点,塑造文化人物及故事,吸引游客,发展经济,同时村内毛豆腐、许村毛峰等特色产品可进行加工,扩大对外销售途径,提高村民收入及当地政府财政收入,更进一步加大对于古建筑文化保护的资金投入,使得村民更加积极主动参与到对村内传统建筑的保护中来,增加村民的文化自信,实现村落的可持续发展。

2)传承非物质文化,打造特色景区

许村的非遗包括了传统活动、民间手工艺、民间传说及涉及的文化空间等。目前国内民俗文化正逐步缩减,日益衰落,如何发展非遗是目前重点所在。针对许村来说,首要的是,尽可能全面修缮、保护好村内传统建筑及日常的文化生活环境,例如大观亭的广场及景点标识牌、地图等。第二,成立正规非遗保护组织,设立专项资金,以便在村内设立文化相关设施,例如游客传统文化体验馆、传统表演及文化廊坊等,增加村镇景点的可观赏性及趣味性,优化游客的体验感。最后,注重民俗文化的保存及记录。可以通过视频、照片、文字等多种形式进行记录留存,并通过多种方式,例如抖音、微博等平台扩大影响。

目前许村的乡村旅游处于初级阶段,刚刚起步,与较有名的古村宏村、西递等皖南村落仍有较大差距。许村应在借鉴前村成功经验的基础上,发扬自己的特点,许村的特色在于其独特的建筑风貌及地理位置,同时其人文及自然景观的协调一体具有强有力的旅游市场,合理开发村落资源,实现现代化与传统的完美结合。

6.5.5　保护成果

在乡村新建设的发展中，许村应保持自身的传统建筑文化，从历史传统故事、古建筑特色、民俗风格、人文自然的浑然一体中出发，保持本身的特色与独特的魅力，充分发掘潜力，寻找新建筑新发展及古建筑保护二者之间的平衡点，从而打造名村名镇，实现乡村振兴。

6.6　岭南地区村落保护

岭南地区村落保护以小洲村传统建筑保护实践为例。

6.6.1　保护背景

小洲村，又名"瀛洲"，四周环水，状似小岛，处于广州海珠东南面，是中国传统村落之一。其历史源远流长，从元朝时期开村，明朝时期涌入大量河南新乡人口，直至如今。小洲村具有丰富的传统文化及民间艺术，其村落古建筑布局更是保留完整，具有"北有周庄、南有瀛洲"美名。小洲村内有大量文化建筑，其中以天后宫、登瀛古码头、古桥、玉虚宫等最为出众，这些建筑的共同特点是类似于"蚝壳屋"，这是由于多年来珠江入海口村落以环境取材的历史遗证。近年来这些宝贵的历史建筑也逐渐受到了重视。于21世纪初，小洲村被列为广州市的第一批历史文化保护区、国家第一批生态村及第二批中国传统古村落，其中小洲村内的广州市界碑被列为广州市第六批文物保护单位。同一时期，小洲村作为最美乡村旅游示范区被广州市旅游局重点推广，授予"省级旅游特色村镇"。次年，小洲村荣获"飞燕奖"并在广州科普展评获古村镇文化奖。2008年9月，小洲村被定为省内民间文化遗产保护单位的第一批古村落，被称为中国十大魅力乡村之一。[111]

根据我国文物法的相关法律规定，国家保护具有历史、文化等价值的古建筑及遗址。理所当然，小洲村村内的古建筑在法律内受到了明确的保护，这是最为有效可靠的保护手段。在2016年，小洲村的重要性被明确列入广州市文化名城保护条例中，条例中明确了小洲村是岭南文化特色的典型代表之一，其传统民居及祠堂等建筑是重点保护对象。如何扩展保护手段及技术、增强群众对于主体保护意识是目前国内传统建筑面临城市化进程中亟待解决的问题。

6.6.2　地区现状

小洲村内有近120座古建筑，包括了家族祠堂、河桥、码头、水井、商铺等，其中50处建筑被评定为具有一级保护价值，约为总建筑数的42%；63处被评为具有二级保护价值，约为总建筑数的53%；6处建筑被评为具有三级保护价值，约为总建筑数的5%。其中保存尚完整的建筑有天后宫、蚝壳屋、简氏宗祠、玉虚宫、古城墙、登瀛古码头、娘妈桥等，享誉中外，具有重要历史价值。村内布局仍以小桥流水为特点，十分具有岭南特色，但随着城市化进程、反复翻修、老建筑推倒重建、年代久远等多种因素，其完整性遭到了一定破坏，在传统建筑中夹杂了部分新式建筑，类似于城中村的观感，极大破坏了小洲村的原本风貌。幸运的是，近年盛行的画廊、绘画工作室等民间艺术团体为小洲村注入了新的活力，根据实地情况，这些机构团体进行二次创作，为小洲村传统与现代化的结合创造了新的可能（图6-6）。

6.6.3　保护策略

根据我国城乡规划相关法律规定，关于自然资源及历史文化的保护，应不破坏当地地方特色，保持原有的民族特色及风貌，做到因地制宜。法律还强调了对自然与历史文化遗产保护是城镇总体规划的强制性内容。《广州市历史文化名城保护条例》第二十七条也表明：历史文化名城、镇保护的关键内容应当纳入城、镇总体规划，历史文化名村保护规划范围不应超过或小于村庄规划范围。同样重要的是将保护规划与总体规划进行紧密连接。例如，由于小洲村之前的规划中只有少量的停车位，随着小洲村旅游业的发展，其停车位已经无法满足现在的使用需求，那么除了在适当地方增加适量停车位，还可以考虑恢复古码头，开通水上交通，这既可以解决车位问题，同时也增加了当地旅游项目的丰富性，是一举两得的举措。总之而言，总体规划与保护规划之间需要渗透、补充、协调，这对当地的城市规划以及当地群众实际生活带来便利。

遵循适当的保护方法：我国《文化保护法》第二十一条表明，要在不改变文物原状的基础上，对固定文物进行妥善的修缮、保养及迁移工作。梁思成也曾制定两大传统建筑修复原则，一是整旧如旧，二是延年益寿。这与目前我国文物保护法的规定一致。那么在执行过程中，首先需知道的是什么建筑的原状，即指最开始建成的模样。这里面有两层含义。第一，是指单个建筑体或小规模的建筑群在最开始创立时的样貌；第二，是指长时间逐渐形成的规模较大的建筑群，针对这

图 6-6　小洲村文化资源

种建筑群应以鼎盛时期的样貌为原状，而单组单个仍以建成时期为准。基于此原则，小洲村内的传统建筑修复十分可观，保留了其原状，这也是小洲村能享誉中外的重要原因。

设立相关保护标识：在小洲村的古建筑旁标识它们的名称、年限及相关历史来源介绍，考虑游客来自中外，可以标识为多种语言，以便游客阅读理解。目前小洲村内大部分历史建筑，例如娘妈桥、公祠等并非文物保护单位，但当地政府仍极为重视，对其进行相关标识，且有政府部门落章，这些举措极大地增强了当地居民的保护意识及游客的了解程度。

解决违法违规举措：随着商业经济的发展，居民人口的剧增，工业排污及居民生活污水排入，且未进行及时处理，导致当地河流受污严重，不利于当地生态和谐发展，严重影响当地生活质量及环境美观。针对以上情况，政府部门应加大监管力度及整改力度，严格控制当地工厂污水排放量及要求工厂应对排污水等进行清洁处理，同时呼吁居民注意保护河流，加强居民的素质教育，树立正确的生态观念等，旨在恢复河流水系的质量及循环情况。在此基础上，可以发展适量的水上景观，符合当地岭南特色，做到生态与经济发展相协调，共同守护一处净土及乐园。

6.6.4　保护成果

　　小洲村是典型的岭南传统村落，村落范围内文物密集，但随着城市化进程的加快，小洲村现存的传统建筑保护面临诸多问题。本书结合相关法律，强调了保护小洲村传统建筑的重要性。通过城市总体规划与保护规划相统一实现对整个小洲村的保护，使得小洲村的传统建筑能够延年益寿、容光焕发，也是小洲村回归其历史文化价值的要义。遵循适宜的保护原则，妥善处理小洲村传统建筑与现代建筑之间的风貌问题，完善历史风貌完整度，更利于村落在当今社会中可持续发展。科学设立保护标志的保护经验尤其值得其他传统村落进行借鉴，对小洲村传统建筑的推广与传播起到一定的推动作用。

◆ **思考题**

　　在你的家乡有没有熟悉的村镇传统建筑？请你站在保护者的角度思考，如何对其开展保护工作。

图片来源

我们注重版权保护并尊重所有创作者的劳动成果。如果您注意到本书中的任何图片或内容存在版权问题，请通过电子邮箱
331802521@qq.com 联系我们，我们将及时处理您的反馈。以下除标注外，其余均为作者自绘或自摄。

图 2-7：吕晓裕．汉江流域文化线路上的传统村镇聚落类型研究 [D]. 武汉：华中科技大学 ,2011.

图 2-10：华南理工大学陆琦教授提供（右图）

图 2-13：https://www.sohu.com/

图 2-14：http://5b0988e595225.cdn.sohucs.com/images/20190409/153c29b63d3d4568a369c82549f7d69a.jpeg

图 2-15：http://i2.sinaimg.cn/2008/torch2008/hd/other/2008-05-04/U704P461T5D78804F157DT20080504002047.jpg

图 2-16：https://img2.gujianchina.cn/201905/31/084716806876.png

图 2-17：https://encrypted-tbn1.gstatic.com/images?q=tbn:ANd9GcTyoXAXJkVBdrCuCIfeNkR7L1M43c8pHjRqzFG2
zRTnZpewJZkM（左图）、https://5b0988e595225.cdn.sohucs.com/images/20170831/c2bb91df52e848ab8
918d6b06322bffa.jpeg（中图）、https://encrypted-tbn2.gstatic.com/images?q=tbn:ANd9GcQS1OwlN4Xx_
ueDfdAd6ZCpr_QP_P7LSAwC3dOM3NadIxe0FtjN（右图）

图 2-19：https://encrypted-tbn3.gstatic.com/images?q=tbn:ANd9GcTeoLK-bj8QaVcHsZhUde_
y9H54oEOlwNCH6AghGYtGW954VcWF（左图）、https://p4.itc.cn/images01/20230814/bb2abf5e5e56416d8
2e0414a52c46fe1.png（中图）、https://encrypted-tbn3.gstatic.com/images?q=tbn:ANd9GcQANrAXBja7Tov
yh5JVtol0g8sxYJb1V5z9fXx_rg-tkWB6lpK4（右图）

图 3-2：https://ak-d.tripcdn.com/images/1mi1o12000dm8r83q160E_W_640_0_R5_Q80.jpg?proc=source/trip

图 3-3：https://i.pinimg.com/originals/19/30/c1/1930c1999acf9b3b02f4b9a38b69d34f.jpg

图 3-4：https://encrypted-tbn3.gstatic.com/images?q=tbn:ANd9GcRKUnnaxjPIv5TrYdS1dd_y8EKQ_
K6Qmq6XrxXso7dtFvnuT0mC

图 3-5：https://encrypted-tbn1.gstatic.com/images?q=tbn:ANd9GcRaitKUtK4Ni2xSbcNE3VCRUQAialdBZrJX9lx-Aj_
qcp0Tu5RQ

图 3-6：http://k.sinaimg.cn/n/sinacn20/33/w500h333/20181111/d405-hnstwwq7062007.jpg/w700d1q75cms.jpg

图 3-10：https://bkimg.cdn.bcebos.com/pic/eaf81a4c510fd9f9a68ab09e282dd42a2934a4ac

图 5-2：https://i1.kknews.cc/BlVa0D-XsRoCMHWuP9LBcpWnR3LTpB6fozzfg6Y/0.jpg

图 5-3：https://encrypted-tbn1.gstatic.com/images?q=tbn:ANd9GcQ-_nlGvuUv7dd2GMYRLzb6Pes_tX_
YLGReZqCjNJhg4jw2CZS3

图 5-4：https://encrypted-tbn0.gstatic.com/images?q=tbn:ANd9GcSukvnBQ5sByU0B0_ysD_
i6kMezkW8VUnuC91fXfqTuUfpZFmbl

图 5-5：http://e0.ifengimg.com/01/2019/0313/B33D9A9C1ED7FD329B0EBEFDCF26026CE5C4950D_size122_w640_
h943.jpeg

图 5-10：郝世超．赣东北传统戏场建筑木作技艺研究 [D]. 武汉：华中科技大学 ,2017.

图 5-15：张光玮．关于传统制砖的几个话题 [J]. 世界建筑 ,2016(9):27-29+125.

图 5-16：武超．闽南沿海地区传统建筑砖瓦作研究 [D]. 泉州：华侨大学 ,2018.

图 5-17：谢华章．福建土楼夯土版筑的建造技艺 [J]. 住宅科技 ,2004,(7):39-42.

图 6-1：https://www.mafengwo.cn/

图 6-2：https://www.mafengwo.cn/

图 6-3：https://www.mafengwo.cn/

图 6-4：https://www.sohu.com/

图 6-5：https://www.mafengwo.cn/

图 6-6：https://www.sohu.com/

参考文献

[1] 万艳华 . 长江中游传统村镇建筑文化研究 [D]. 武汉：武汉理工大学，2010.

[2] 陈凯峰 . 建筑文化学 [M]. 上海：同济大学出版社，1996.

[3] 樊雯 . 传统村镇建筑模式的思考 [J]. 美术大观，2016，（7）：118-119.

[4] 徐震，顾大治 . "历史纪念物"与"原真性"——从《威尼斯宪章》的两个关键词看城市建筑遗产保护的发展 [J]. 规划师，2010，26（4）：90-94.

[5] 鲁道夫斯基 . 没有建筑师的建筑：简明非正统建筑导论 [M]. 高军，译 . 天津：天津大学出版社，2011.

[6] 胡玲，郑绍江 . 中国传统建筑中的雀替艺术 [J]. 艺术探索，2015，29（3）：96-99.

[7] 广西住房和城乡建设厅勘察设计管理处课题组 . 建筑设计在中西方的前世今生 [J]. 广西城镇建设，2015，（12）：18-29.

[8] 潘谷西 . 中国建筑史 [M]. 北京：中国建筑工业出版社，2015.

[9] 谢科 . 伟大的中国传统建筑艺术——浅谈中国传统建筑的五个共同特点 [J]. 大众文艺（理论），2008，（4）：33-34.

[10] 常青 . 历史建筑保护工程学：同济城乡建筑遗产学科领域研究与教育探索 [M]. 上海：同济大学出版社，2014.

[11] 王晓菲 . 传统建筑文化在现代建筑设计中的传承与应用探析 [J]. 山西建筑，2019，45（4）：20-22.

[12] 单霁翔 . 城市文化遗产保护与文化城市建设 [J]. 城市规划，2007，（5）：9-23.

[13] 杨雪 . 莫让文明仓皇地消逝 [N]. 光明日报，2011-03-29（14）.

[14] 陈璐 . 世界文化遗产最需要警惕的几种破坏 [N]. 中国文化报，2010-03-23（4）.

[15] 张松 . 建筑遗产保护的若干问题探讨——保护文化遗产相关国际宪章的启示 [J]. 城市建筑，2006（12）：8-12.

[16] 董霞，高燕，马建峰 . 近二十年国内旅游"真实性"研究述评与展望 [J]. 重庆工商大学学报（社会科学版），2017，34（5）：64-73.

[17] 尤嘎·尤基莱托 . 建筑保护史 [M] 郭旃，译 . 北京：中华书局，2011.

[18] 王瑶 . 旧城历史文化片区景观保护与更新——以北京市前门东侧路以东地区为例 [D]. 北京：北京林业大学，2007.

[19] 张松，镇雪锋 . 遗产保护完整性的评估因素及其社会价值 [C].//2007 中国城市规划年会论文集 .2007：2109-2114.

[20] 罗佳明 .《西安宣言》的解析与操作 [J]. 考古与文物，2007，（5）：43-46+52.

[21] 镇雪锋 . 文化遗产的完整性与整体性保护方法——遗产保护国际宪章的经验和启示 [D]. 上海：同济大学，2007.

[22] 鲁西奇 . 散村与集村：传统中国的乡村聚落形态及其演变 [J]. 华中师范大学学报（人文社会科学版），2013，52（4）：113-130.

[23] 李旭，崔皓，李和平，等 . 近 40 年我国村镇聚落发展规律研究综述与展望——基于城乡规划学与地理学比较的视角 [J]. 城市规划学刊，2020，（6）：79-86.

[24] 耿佩，陈雯，高金龙，等 . 我国乡村聚落空间形态演变研究进展 [J]. 现代城市研究，2020，（11）：69-75+100.

[25] 陈亚婷 . 基于湟水谷地聚落演变的乡村社区规划研究 [D]. 西安：西北大学，2013.

[26] 刘晓萌 . 安阳地区传统聚落与民居建筑研究 [D]. 郑州：郑州大学，2014.

[27] 吕晓裕 . 汉江流域文化线路上的传统村镇聚落类型研究 [D]. 武汉：华中科技大学，2011.

[28] 王竹，王韬 . 浙江乡村风貌与空间营建导则研究 [J]. 华中建筑，2014，32（9）：94-98.

[29] 王飒 . 中国传统聚落空间层次结构解析 [D]. 天津：天津大学，2012.

[30] 朱莹，张向宁，王立仁 . 原生的"乡土"——传统乡土聚落空间构成与演化结构解析 [J]. 城市建筑，2016，（7）：118-121.

[31] 汪兴毅，管欣 . 徽州古民宅木构架类型及柱的营造 [J]. 安徽建筑工业学院学报（自然科学版），2008，（2）：38-41.

[32] 刘驰扬 . 浅析传统北方民居建筑特色对当代民居设计的影响 [J]. 美与时代（上），2013，（6）：89-91.

[33] 张祺，胡莹 . 传统聚落文化的保护、更新与再生 [J]. 新建筑，2007，（5）：91-94.

[34] 宋军勇 . 传统民居聚落文化研究——我国传统民居聚落中的公共建筑探究 [J]. 江西建材，2015，（24）：39-40.

[35] 刘蕊 . 兰州五泉山古建筑调查与研究 [D]. 兰州：西北师范大学，2021.

[36] 管志刚 . 诠释古徽州建筑的宗族观念 [J]. 装饰，2004，（11）：83-84.

[37] 朱生东 . 徽州古村落民居建筑的文化心理解析 [J]. 华中建筑，2006，（9）：1-3.

[38] 丁一.中国传统建筑理念及发展 [J]. 建材与装饰，2020，(6)：124-125.

[39] 陆元鼎.中国民居的特征及其在现代建筑中的借鉴与运用 [J]. 古建园林技术，1990，(4)：3-8.

[40] 张列.乡村聚落用地功能的演进及其空间分异研究 [D]. 重庆：西南大学，2017.

[41] 桂涛.乡土建筑价值及其评价方法研究 [D]. 昆明：昆明理工大学，2013.

[42] 朱良文.传统民居价值与传承 [M]. 北京：中国建筑工业出版社，2011.

[43] 谢汀梓.北京老城 20 世纪建筑遗产色彩风貌研究 [D]. 北京：北京建筑大学，2021.

[44] 老子.道德经 [M]. 陈忠，译评.长春：吉林文史出版社，1999.

[45] 庄周.庄子 [M]. 雷仲康，译注.上海：书海出版社，2001.

[46] 张述任.黄帝宅经：风水心得 [M]. 北京：团结出版社，2009.

[47] 余易.阴阳二宅全书之阳宅集成 [M]. 北京：九州出版社，2015.

[48] 文卷.湖南传统民居地域审美文化差异研究 [D]. 长沙：中南大学，2013.

[49] 范迎春.湘南民居建筑的艺术特征初探 [J]. 美术大观，2007，(12)：66-67.

[50] 单彦名，高雅，宋文杰."十四五"期间传统村落保护发展技术转移研究 [J]. 城市发展研究，2021，28（5）：18-23.

[51] 伍国正，余翰武，吴越，等.传统民居建筑的生态特性——以湖南传统民居建筑为例 [J]. 建筑科学，2008，(3)：129-133.

[52] 梁水兰.传统村落评价认定指标体系研究 [D]. 昆明：昆明理工大学，2013.

[53] 张艳玲.历史文化村镇评价体系研究 [D]. 广州：华南理工大学，2011.

[54] 赵勇，张捷，卢松，等.历史文化村镇评价指标体系的再研究——以第二批中国历史文化名镇（名村）为例 [J]. 建筑学报，2008，(3)：64-69.

[55] 张强.模糊评判历史文化名村的价值及保护策略——以张谷英村为例 [J]. 求索，2012，(8)：78-79+103.

[56] 连琳.基于老年人行为的湖南传统村落景观适老化改造策略研究 [D]. 长沙：湖南大学，2020.

[57] 何峰，柳肃.张谷英村乡土建筑的开放空间艺术特色 [J]. 热带地理，2011，31（4）：428-432.

[58] 柯善北.保住历史文化遗产留存传统文化根脉 [J]. 中华建设，2019，(2)：6-7.

[59] 白雪方，马立龙.中国古建木结构抗震设计思想溯源 [J]. 建筑结构，2018，48（S2）：260-263.

[60] 邵楠.乡村振兴视角下河南省传统村落建筑动态保护机制研究 [J]. 南都学坛，2019，39（5）：100-103.

[61] 郑寮芬.加强历史文化村落保护利用的探讨 [J]. 行政事业资产与财务，2017，(30)：2-3.

[62] 郭莹.历史地段动态保护模式浅析 [D]. 天津：天津大学，2002.

[63] 余海澄.基于 Z 世代需求的江南历史街区公共空间更新设计研究 [D]. 无锡：江南大学，2022.

[64] 潘宏图.城市滨水区景观设计的生态策略研究 [D]. 成都：西南交通大学，2005.

[65] 朱霞，谢小玲.新农村建设中的村庄肌理保护与更新研究 [J]. 华中建筑，2007，(7)：142-144.

[66] 李彤.有机更新传承历史文化 [J]. 城乡建设，2012，(3)：7-9.

[67] 汝军红.历史建筑保护导则与保护技术研究 [D]. 天津：天津大学，2007.

[68] 周铁军，董文静.重庆地区传统村落调研及空间特征研究 [C].//2015 中国城市规划年会论文集.2015：1-11.

[69] 屠李，赵鹏军，张超荣.试论传统村落保护的理论基础 [J]. 城市发展研究，2016，23（10）：118-124.

[70] 马仙玉.传统村落文化保护与治理研究 [J]. 未来与发展，2016，40（5）：24-26+5.

[71] 谷蓉，苏建明.论遗产保护视角下的历史村镇传统建筑营建逻辑提取方法 [J]. 中国名城，2011，(2)：42-46.

[72] 刘爱华.历史街区的整体设计——论欧美城市历史中心区的保护与发展趋势 [J]. 城市，2000，(1)：58-60.

[73] 陆寿麟，李化元，姜怀英，等.传统工艺与现代科技的结合与创新——"中国文物保护技术协会第七次学术年会"专家访谈 [J]. 东南文化，2012，(6)：9-20.

[74] 安娜，王鹤，孔德静.《威尼斯宪章》的中国特色修正和发展——中国历史建筑的维护和保护 [J]. 城市规划，2013，37（4）：86-88.

[75] 杨语声.中法皇家园林中的自然观——以颐和园和凡尔赛宫为例 [J]. 美术大观，2016，(1)：92-93.

[76] 靳柳，杨金娣，任丛丛．五台山佛光寺东大殿木构件加工痕迹调查 [J]．古建园林技术，2022，（1）：29–35．

[77] 白英．日本明治村———所露天博物馆 [J]．博物馆，1984，（1）：99–102．

[78] 徐鑫乾，强晓明，刘值金．论对传统建筑材料进行生态化改造的必要性和可行性 [J]．陕西建筑，2009，（6）：45–46，49．

[79] 张蕴．传统村落的古建筑保护方法探析 [J]．居舍，2019，（33）：17．

[80] 陈晓．沈阳奉系官邸建筑保护与再利用研究 [D]．沈阳：沈阳建筑大学，2012．

[81] 范达．当前传统建筑保护存在的问题及对策研究 [J]．文物鉴定与鉴赏，2019（14）：88–89．

[82] 柳肃．营建的文明 [M]．北京：清华大学出版社，2021．

[83] 郭璞．葬经 [M]．北京：中国经济出版社，2002．

[84] 鲁班经 [M]．午荣，汇编．北京：华文出版社，2007．

[85] 李昉，等．太平御览 [M]．上海：上海书店出版社，1936．

[86] 史礼心，李军．山海经 [M]．北京：华夏出版社，2005．

[87] 任淑萍．历史村镇非物质文化遗产的可持续发展路径探寻 [J]．文化产业，2022（2）：61–63．

[88] 郭珊敏．非物质文化遗产视域下三江侗族木构建筑营造技艺保护与传承研究 [J]．中国民族博览，2021，（9）：57–59．

[89] 郝世超．赣东北传统戏场建筑木作技艺研究 [D]．武汉：华中科技大学，2017．

[90] 张昕，陈捷．世界文化遗产地匠作研究———五台山石作技艺与组织经营机制的演化与发展 [J]．华中建筑，2011，29（10）：156–159．

[91] 闫超．阿坝州藏族碉房遗产石作技艺的保护与传承研究 [D]．绵阳：西南科技大学，2021．

[92] 张光玮．关于传统制砖的几个话题 [J]．世界建筑，2016，（9）：27–29+125．

[93] 武超．闽南沿海地区传统建筑砖瓦作研究 [D]．泉州：华侨大学，2018．

[94] 景蕾蕾．试析非物质文化遗产视野中的传统建筑营造技艺 [J]．艺术科技，2016，29（9）：54–55．

[95] 侯曙芳，李道先．徽派古民居建筑的地域文化特征 [J]．重庆建筑大学学报，2006，（6）：24–26+46．

[96] 何龙．四川汉族地区传统民居木作营建特点研究 [D]．成都：西南交通大学，2016．

[97] 陈廷亮．守护民族的精神家园———湘西少数民族非物质文化遗产研究 [D]．北京：中央民族大学，2009．

[98] 唐孝祥．近代岭南建筑文化初探 [J]．华南理工大学学报（社会科学版），2002，（1）：60–64．

[99] 谢华章．福建土楼夯土版筑的建造技艺 [J]．住宅科技，2004，（7）：39–42．

[100] 王莉莉．云南民族聚落空间解析 [D]．武汉：武汉大学，2010．

[101] 程瑞．新疆阿以旺民居形制与装饰研究 [D]．乌鲁木齐：新疆师范大学，2010．

[102] 王冬梅．游牧文化生态下的蒙族传统民居探研 [J]．重庆交通大学学报（社会科学版），2013，13（1）：97–100．

[103] 唐国杰．山西丁村古村落民居建筑特色规划设计研究 [D]．沈阳：沈阳理工大学，2020．

[104] 李岚．山陕古村落活态化保护与更新方法研究———以山西省襄汾县丁村和陕西省韩城市党家村为例 [C]．//2015中国建筑史学会年会暨学术研讨会论文集．2015：328–332．

[105] 何孝凡，苟雨君，陈桔．传统村落空间格局特征与保护研究———以昆明市乐居村为例 [J]．城市建筑，2021，18（31）：18–22．

[106] 李子莹，李颖．云南少数民族传统村落的保护研究———以昆明团结镇乐居村为例 [J]．文存阅刊，2021（7）：184．

[107] 周静海，牛艺，周阳雪，等．辽宁省西沟村传统村落风貌特色及保护研究 [C]．//2016中国城市规划年会论文集．2016：1–11．

[108] 于润琦，刘兴双．辽宁省西沟村传统村落旅游活化策略研究 [J]．纳税，2017，（27）：162–163．

[109] 吴雨涵．文化基因视角下江南非典型传统村落更新策略研究———以苏州市三山岛村设计实践为例 [J]．城市建筑，2021，18（15）：83–85．

[110] 谷长保．乡村振兴视域下徽州村落民俗文化的传承与发展 [D]．合肥：安徽大学，2021．

[111] 陈薇薇．城市化进程下古村落的再生性设计———以广州小洲村为例 [J]．美术大观，2019，（8）：130–131．